Rapport Historique sur les Progrès des Sciences Mathématiques Depuis 1789

Edited by
Jean Baptiste Joseph Delambre

CAMBRIDGE
UNIVERSITY PRESS

CAMBRIDGE UNIVERSITY PRESS

Cambridge, New York, Melbourne, Madrid, Cape Town,
Singapore, São Paolo, Delhi, Tokyo, Mexico City

Published in the United States of America by Cambridge University Press, New York

www.cambridge.org
Information on this title: www.cambridge.org/9781108038133

This edition first published 1810
This digitally printed version 2011

ISBN 978-1-108-03813-3 Paperback

CAMBRIDGE LIBRARY COLLECTION

Books of enduring scholarly value

Mathematics

From its pre-historic roots in simple counting to the algorithms powering modern desktop computers, from the genius of Archimedes to the genius of Einstein, advances in mathematical understanding and numerical techniques have been directly responsible for creating the modern world as we know it. This series will provide a library of the most influential publications and writers on mathematics in its broadest sense. As such, it will show not only the deep roots from which modern science and technology have grown, but also the astonishing breadth of application of mathematical techniques in the humanities and social sciences, and in everyday life.

Rapport Historique sur les Progrès des Sciences Mathématiques Depuis 1789

In 1808, Napoleon I (1769–1821), emperor of the French from 1804 to 1815, commissioned a series of official reports on the progress of scientific research since 1789. First published in 1810, this report on the current state of mathematics was written by French mathematician and astronomer Jean-Baptiste Joseph Delambre (1749–1822). A Professor at the Collège de France and Director of the Paris Observatory, Delambre was appointed permanent secretary for the mathematical sciences of the Academy of Science in 1801. As such, he was charged with examining the state of mathematics in higher educational establishments, and with presenting an overview of the progress accomplished during Napoleon's reign in the fields of geometry, algebra, astronomy and geography. This report includes a chapter on the metric system, which Delambre was instrumental in determining via the measurement of the meridian between the north pole and the equator in 1792.

Cambridge University Press has long been a pioneer in the reissuing of out-of-print titles from its own backlist, producing digital reprints of books that are still sought after by scholars and students but could not be reprinted economically using traditional technology. The Cambridge Library Collection extends this activity to a wider range of books which are still of importance to researchers and professionals, either for the source material they contain, or as landmarks in the history of their academic discipline.

Drawing from the world-renowned collections in the Cambridge University Library, and guided by the advice of experts in each subject area, Cambridge University Press is using state-of-the-art scanning machines in its own Printing House to capture the content of each book selected for inclusion. The files are processed to give a consistently clear, crisp image, and the books finished to the high quality standard for which the Press is recognised around the world. The latest print-on-demand technology ensures that the books will remain available indefinitely, and that orders for single or multiple copies can quickly be supplied.

The Cambridge Library Collection will bring back to life books of enduring scholarly value (including out-of-copyright works originally issued by other publishers) across a wide range of disciplines in the humanities and social sciences and in science and technology.

RAPPORT HISTORIQUE

SUR LES PROGRES

DES SCIENCES MATHÉMATIQUES.

RAPPORT HISTORIQUE

SUR LES PROGRÈS

DES SCIENCES MATHÉMATIQUES

DEPUIS 1789,

ET SUR LEUR ÉTAT ACTUEL,

Présenté à SA MAJESTÉ L'EMPEREUR ET ROI, en son Conseil d'état, le 6 Février 1808, par la Classe des Sciences physiques et mathématiques de l'Institut, conformément à l'arrêté du Gouvernement du 13 Ventôse an X ;

RÉDIGÉ par M. DELAMBRE, Secrétaire perpétuel de la Classe pour les Sciences mathématiques.

IMPRIME PAR ORDRE DE SA MAJESTÉ.

A PARIS,

DE L'IMPRIMERIE IMPÉRIALE.

M. DCCC. X.

TABLE

Des Articles qui composent ce Rapport.

FIN DE LA TABLE.

ADDITIONS ET CORRECTIONS.

PAGE 8, M..Ruffini se proposa de prouver l'impossibilité de la résolution complète des équations littérales. Il a depuis repris ce sujet ; il se flatte d'avoir démontré sa première assertion, et il se propose de soumettre son travail au jugement de la classe mathématique de l'Institut.

Page 22, ligne 20, se couper de deux points ; *lisez* en deux points.

Page 34, ligne 16, Robert Simpson ; *lisez* Simson.

Page 35, ligne 7, Parallélipipède. L'étymologie et l'usage constant des géomètres anciens et modernes exigent qu'on écrive *parallélépipède*. A la vérité, Newton et quelques géomètres Anglois écrivent *parallélopipède*, comme *parallélogramme ;* mais il n'y a aucune ressemblance. Γραμμὴ, *ligne*, qui est une des racines de ce dernier mot, commence par une consonne ; ἐπίπεδον, *surface*, qui entre dans la composition du premier, commence par une voyelle qu'il faut conserver, et l'on ne peut opposer rien à l'autorité d'Euclide, d'Archimède et d'Apollonius, qui tous ont écrit *parallélépipède.*

Page 43, ligne 25, que des astronomes ; *lisez* que de ceux d'entre les astronomes.

Page 55, ligne 26, les détails publiés ; *lisez* les détails fournis.

Page 65, ligne 2, peu d'espoir et de succès ; *effacez* et.

Page 66, ligne 7, au moins par les équations ; *lisez* pour.

Page 72, ligne 8, de nouvelles ; *lisez* des nouvelles.

Page 104, ligne 12, qu'il avoit fait ; *lisez* qu'il avoit ensuite fait.

Page 131, ligne 15, déterminer encore ; *lisez* déterminer entre.

Page 245, ligne 16, c'est à eux à qui l'on a ; *lisez* c'est à eux que l'on a.

DISCOURS

DISCOURS

SUR

LES SCIENCES MATHÉMATIQUES.

Sᴀ MᴀᴊᴇsᴛÉ étant en son Conseil,

Séance du Conseil d'état du 6 février 1808.

Une députation de la classe des sciences mathématiques et physiques de l'Institut, composée de MM. Bougainville, président de l'Institut ; Tenon, vice-président ; Delambre, Cuvier, secrétaires ; de MM. Lagrange ; Monge, Messier, de Fleurieu, Charles, Berthollet, Haüy, Lamarck, Thouin, de la Cépède et Desessarts, membres de l'Institut, est présentée par son Exc. le Ministre de l'intérieur, et admise à la barre du Conseil.

Dɪscouʀs de M. Bouɢᴀɪɴᴠɪʟʟᴇ, Président de l'Institut.

SIRE,

Vᴏᴛʀᴇ MᴀᴊᴇsᴛÉ impériale et royale a ordonné que les classes de l'Institut viendroient dans son Conseil lui rendre compte de l'état des sciences, des lettres et des arts, et de leurs progrès depuis 1789.

Sciences mathématiques.   A

La classe des sciences mathématiques et physiques s'acquitte aujourd'hui de ce devoir ; et si je me présente à la tête des savans qui la composent , c'est à mon âge que je dois cet honneur.

Mais, SIRE, telle est la diversité des objets dont cette classe s'occupe , que , même avec la précision dont un savoir profond et l'esprit d'analyse, donnent la faculté, le rapport qui en contient l'exposé exige une grande étendue.

Ce n'est donc que de l'esquisse, et , pour ainsi dire, de la préface de leur ouvrage, que MM. Delambre et Cuvier vont faire la lecture.

Je ne me permets qu'une seule observation , c'est que l'époque de 1789 à 1808, en même temps qu'elle sera pour les événemens politiques et militaires une des plus mémorables dans les fastes des peuples , sera aussi une des plus brillantes dans les annales du monde savant.

La part qui est due aux François pour le perfectionnement des méthodes analytiques qui conduisent aux grandes découvertes du système du monde , et pour les découvertes même dans les trois règnes de la nature, prouvera que si l'influence d'un seul homme a fait des héros de tous nos guerriers , nos savans, honorés par la protection de votre Majesté, qu'ils ont vue dans leurs rangs, sont en droit d'ajouter des rayons à la gloire nationale.

DISCOURS de M. DELAMBRE, Secrétaire perpétuel de la Classe, pour les Sciences mathématiques.

SIRE,

DANS une circonstance aussi mémorable que glorieuse pour les sciences, à l'instant où elles sont admises à l'honneur de déposer au pied de votre trône le tableau des acquisitions qu'elles ont faites, des faits intéressans dont elles se sont enrichies, le desir si naturel d'exposer à votre Majesté les découvertes nouvelles sous le jour le plus avantageux, ne nous fera point oublier que chaque partie des connoissances humaines a son langage et son style, et que celui des mathématiques ne peut avoir d'autre mérite que la concision et la simplicité. Mais, quand la raison ne nous porteroit pas à nous attacher scrupuleusement à ce principe, l'abondance des faits que nous avons à présenter à votre Majesté, nous en feroit une nécessité indispensable.

MATHÉMA-TIQUES.

Toutes les parties des mathématiques ont entre elles une liaison intime, et se prêtent de mutuels secours. Nous commencerons par celles qui ont été cultivées les premières, et qui servent d'introduction à toutes les autres.

La partie élémentaire nous offrira d'abord deux ouvrages qui ont également mérité leur succès. Dans l'un, M. Legendre rappelle la géométrie à son antique sévérité, et donne des idées nouvelles pour en traiter quelques

parties d'une manière tout analytique. Dans l'autre,
M. Lacroix s'est proposé de conserver tout ce que l'ancienne méthode avoit d'essentiel, en sorte pourtant que
son livre pût servir d'introduction à l'analyse moderne.

La belle collection des mathématiciens Grecs fut com-
plétée en 1791 par l'Archimède de Torelli, dont M. Peyrard vient de donner une traduction fidèle, augmentée
du mémoire de Delambre sur l'arithmétique des Grecs.
Avant ce mémoire, dont votre Majesté elle-même avoit
daigné fournir le sujet, on avoit peine à concevoir comment les Grecs, avec une notation si imparfaite en comparaison de la nôtre, avoient pu exécuter les opérations
indiquées dans Archimède et Ptolémée.

La géométrie ancienne n'admettoit dans ses démonstrations que ce qui peut s'exécuter avec la règle et le
compas. Mascheroni, plus sévère encore, voulut se passer
de la règle. On a lieu d'être étonné du grand nombre de
propositions nouvelles et piquantes qu'il a su trouver
dans un sujet en apparence épuisé. Ses principaux théorèmes avoient été apportés en France avec le traité de
Campo-Formio, par le vainqueur et le pacificateur de
l'Italie. On desira connoître l'ouvrage entier, et bientôt
il en parut une traduction Françoise.

Plusieurs modernes avoient déjà fait un usage heureux
de la méthode qui rapporte à trois coordonnées rectangulaires la position d'un point quelconque pris dans l'espace. M. Monge a fait de ce principe le fondement d'une
doctrine neuve et complète, qui est indispensable à tous
les arts de construction, et à laquelle il a donné le nom
de *géométrie descriptive.*

La trigonométrie est, sans contredit, une des plus utiles applications de la géométrie élémentaire : elle est la base de la géodésie, de la géographie, de l'astronomie et de la navigation. Le plus beau monument géodésique étoit la carte de France de Cassini. Quelques doutes élevés en 1787 sur la position respective des observatoires de Londres et de Paris, exigeoient la vérification des points placés entre Dunkerque et Boulogne. Les Anglois, de leur côté, devoient former des triangles nouveaux entre Londres et Douvres, et les deux commissions réunies devoient mesurer de concert les triangles qui traversoient le canal. D'après les progrès des arts et des sciences, on devoit s'attendre que les Anglois se piqueroient de surpasser tout ce qui avoit été fait en ce genre : ils y réussirent ; le théodolite de Ramsden, les feux Indiens qui servoient de signaux, les appareils nouveaux employés à la mesure des bases, donnèrent une exactitude jusqu'alors inouie. Les François n'avoient à mesurer que des angles : le cercle répétiteur que Borda venoit d'inventer, n'étoit pas d'une forme aussi imposante que le théodolite ; mais il renfermoit dans sa construction même un principe qui lui assuroit une précision au moins égale et plus indépendante du talent de l'artiste. Les commissaires François, Cassini, Legendre et Méchain, soutinrent la concurrence.

Cet heureux essai donna l'idée de l'opération sur laquelle on fonda, bientôt après, un nouveau système de mesures : l'unité première devoit être le quart du méridien ; dans l'impossibilité d'en effectuer la mesure entière, on choisit l'arc le plus étendu que présente aucun continent, celui qui est compris entre Dunkerque et Barcelone.

Mesure de la méridienne.

Méchain et Delambre furent chargés de ce travail, que les circonstances rendoient si difficile. Leurs opérations, toujours contrariées, long-temps suspendues, commencèrent en 1792 et ne finirent qu'en 1799. Ils mesurèrent en cinq endroits différens la hauteur du pôle et la direction de la méridienne. Leurs triangles s'étendirent de Dunkerque à Barcelone. Delambre, en outre, mesura deux bases de 12,000 mètres chacune ; et, malgré l'intervalle de 700,000 qui les sépare, elles s'accordèrent à trois décimètres.

Cette précision, presque incroyable, étoit due en partie sans doute au soin des observateurs, mais sur-tout au cercle de Borda, qui, par la multiplication des angles, anéantit les erreurs de division et d'observation ; elle étoit due à la construction ingénieuse des règles métalliques imaginées par le même géomètre, et aux soins qu'il avoit donnés à leur vérification.

On connut exactement dix degrés du méridien ; Méchain avoit entrevu la possibilité d'y ajouter deux degrés nouveaux, en conduisant ses triangles jusqu'aux Baléares. L'exécution de ce projet, qui depuis lui coûta la vie, vient d'être reprise par deux jeunes astronomes pleins de talens et de courage (MM. Biot et Arago), qui la continuent en ce moment, et la termineront cet hiver.

La perte de Méchain, si vivement sentie par tous les savans, laissa son collègue seul chargé de tous les calculs, et de la rédaction de l'ouvrage qui devoit contenir toutes les pièces justificatives. Il a mis ses soins à publier les observations avec la plus grande fidélité, à exposer toutes les formules de réduction, à les démontrer d'une manière

élémentaire. M. Legendre avoit donné des méthodes nouvelles, un théorème extrêmement curieux, pour ramener
aux triangles rectilignes les triangles très-peu courbes que
l'on forme à la surface de la terre. Il a depuis démontré
que ce même théorème s'applique aux triangles sphéroï-
diques. Ses nouvelles formules, et celles de Delambre pour
tous ces mêmes problèmes, font la base de l'instruction
publiée par le dépôt général de la guerre ; elles ont été
adoptées par l'astronome Svanberg, qui, en 1802, a
mesuré de nouveau le degré de Suède ; elles ont changé
la face de cette partie, plus importante que difficile, de
nos connoissances.

Ces grandes opérations ont répandu en Europe le goût
de la géodésie : la France leur doit la carte de ses nouveaux départemens ; l'Angleterre, celle de ses provinces
méridionales ; l'Allemagne, plusieurs contrées levées en
partie par les ingénieurs François ; la Suisse, la description de plusieurs de ses cantons. L'usage du cercle répétiteur s'est étendu dans tout le continent ; et l'on peut
espérer que dans peu toute la surface de l'Europe sera
couverte de triangles, et les souverains connoîtront leurs
états mieux que les particuliers ne connoissent leurs
propriétés.

La division décimale du cercle, si commode pour les
observateurs et les calculateurs, exigeoit de nouvelles
tables trigonométriques. M. Prony les fit construire, avec
une célérité incroyable, par des moyens tout nouveaux qui
lui permettoient d'employer les arithméticiens les moins
instruits. Une section d'analystes, présidée par M. Legendre,
préparoit le travail, et les autres sections n'avoient plus

*Tables trigo-
nométriques.*

que des additions à faire. On eut ainsi deux exemplaires
des tables entièrement indépendans l'un de l'autre. Ce
monument, le plus vaste qui ait jamais été exécuté ou
même conçu, n'a d'autre défaut que son immensité même,
qui en a jusqu'ici retardé la publication. Borda, qui avoit
senti la nécessité de tables plus portatives, les fit calculer
sous ses yeux; mais il ne put achever ce travail. Delambre
le termina, et donna dans sa préface des méthodes différentes de celles de MM. Prony et Legendre, qui auroient
conduit avec une égale promptitude au même but, et qui
nous ont fourni des vérifications très-curieuses.

MM. Hobert et Ideler ont aussi calculé, par d'autres
moyens, des tables fort exactes et plus portatives encore.

Algèbre.

Si de la géométrie nous passons à l'algèbre ordinaire,
nous trouverons des progrès moins sensibles, mais infiniment plus difficiles. Les mémoires de M. Lagrange sur
la résolution complète des équations littérales, en réduisant
le problème à ses moindres termes, avoient montré combien il est encore difficile. M. Ruffini se proposa de prouver
qu'il est impossible. M. Lagrange voulut du moins faciliter
la solution des équations numériques; son analyse savante
a réduit la question à la recherche d'une quantité plus
petite que la plus petite différence des racines. Il exprimoit
le desir qu'on pût trouver des méthodes qui fussent à la
portée des arithméticiens. M. Budan, docteur en méde-
cine, en a donné une qui n'emploie que l'addition; et ce
degré de simplicité, qu'on n'osoit espérer, sera difficilement surpassé.

Les leçons de l'École normale avoient donné à nos
géomètres l'occasion d'éclaircir les théories les plus
obscures,

obscures. M. Lagrange développa l'analyse du cas irréductible; et M. Laplace, la démonstration du théorème de d'Alembert sur les racines imaginaires. M. Gauss décomposa depuis en facteurs du second degré, des équations dont l'abaissement paroissoit impossible : il donna les moyens d'inscrire au cercle, sans employer que la règle et le compas, des polygones dont le nombre des côtés est exprimé par un nombre premier (de la forme $2^n + 1$). M. Legendre démontra le cas particulier du polygone de dix-sept côtés.

L'analyse appliquée à la géométrie par M. Monge présente les équations des lignes, des plans, des courbes du second degré, la théorie des plans tangens, enfin les principales circonstances de la génération des surfaces courbes exprimées par des équations différentielles partielles, dont l'auteur se sert pour intégrer d'une manière élégante un grand nombre d'équations, en suivant pas à pas les détails de la description géométrique. Dès 1772, il avoit montré la liaison qui existe entre les courbes à double courbure et les surfaces développables. M. Lancret a fait voir la relation des deux courbures, et transporté dans l'espace les développées imparfaites de Réaumur.

MM. Hachette et Poisson ont ajouté des théorèmes élégans, des développemens précieux, à l'ouvrage de M. Monge. M. Carnot a renfermé dans des formules symétriques et curieuses toutes les questions relatives à cinq points quelconques pris dans l'espace.

Fermat avoit supprimé les démonstrations de plusieurs théorèmes remarquables d'analyse indéterminée. Euler et

Théorie des nombres.

M. Lagrange les ont trouvées. M. Legendre y avoit ajouté plusieurs propositions importantes ; et dans son Essai sur la théorie des nombres, il avoit repris la matière à son origine, et s'étoit livré à des recherches profondes pour arriver à la démonstration alors inconnue du théorème général de Fermat. M. Gauss a traité d'une manière entièrement nouvelle toute cette théorie, dans un ouvrage singulièrement remarquable, dont il nous est impossible de donner une idée, parce que tout y est nouveau, jusqu'au langage et à la notation.

On peut rapporter à ce genre d'analyse la théorie des fractions continues, et celle de la transformation des équations traitée avec tant de succès par M. Lagrange.

Traités. Le calcul différentiel et intégral occupoit les géomètres depuis cent ans ; et les *Infiniment petits* de l'Hôpital, le *Calcul intégral* de M. Bougainville, étoient les seuls ouvrages qui formassent un corps de doctrine. Euler a depuis donné des traités plus complets qu'il avoit enrichis de ses découvertes ; la marche si rapide de l'analyse les avoit rendus insuffisans. M. Lacroix, qui s'étoit dévoué à l'enseignement, réunit dans un grand traité toutes les méthodes éparses : en les rapprochant, en les développant, en y joignant ses propres idées, il s'est associé à la gloire des grands géomètres, dont il a propagé les découvertes.

M. Bossut, si connu par ses traités sur toutes les parties des mathématiques élémentaires, et par son *Hydrodynamique,* dont il vient de donner une édition augmentée, a complété ce cours par un traité de calcul différentiel et intégral, où l'on retrouve toutes les mêmes qualités qui avoient fait le succès des autres parties, cet ordre méthodique, cette même netteté dans la manière d'exposer les théories les plus abstraites. Dans un appendix qui termine le second volume, il a donné la solution de diverses questions de stéréotomie, parmi lesquelles on distinguera plusieurs problèmes dans le genre de celui de Viviani, résolus d'une manière aussi nouvelle qu'élégante. Dans un mémoire publié dans le recueil de l'Institut, il a fait de nouvelles recherches sur l'équilibre des voûtes. Enfin il a composé une *Histoire des mathématiques*, qui fait desirer vivement la suite que l'auteur a promise. M. de Montucla s'étoit rendu célèbre par une histoire plus étendue, qu'il ne put reprendre que sur la fin de sa vie ; il n'en put même terminer la rédaction, et Lalande en remplit les lacunes.

On s'étoit plus occupé d'étendre le calcul infinitésimal que d'en éclaircir la métaphysique : on voyoit des effets miraculeux, des résultats incontestables ; mais l'esprit ne pouvoit se familiariser avec les suppositions fondamentales. M. Lagrange, dans un mémoire célèbre, avoit déposé une de ces idées fécondes qui n'appartiennent qu'aux génies du premier ordre ; il avoit indiqué les moyens de ramener au calcul purement algébrique tous les procédés du calcul infinitésimal, en écartant soigneusement toute idée de l'infini. Frappés de ce trait de lumière, plusieurs géomètres cherchoient des développemens que nul ne pouvoit donner aussi bien que l'inventeur. M. Lagrange ayant accepté les fonctions d'instituteur à l'École polytechnique, y créa, sous les yeux de ses auditeurs, toutes les parties dont il a depuis composé son *Traité des fonctions analytiques*, ouvrage classique, dont il seroit bien superflu de faire aujourd'hui l'éloge et qu'il suffit d'avoir cité. Les mêmes principes lui servirent à exposer la métaphysique du calcul des variations, qui l'avoit, dès ses premiers pas, placé parmi les géomètres inventeurs, et dont M. Poisson vient encore d'étendre l'usage, en donnant un moyen élégant et simple de parvenir aux équations indéterminées résultant de cette méthode.

Le calcul aux différences partielles, sur lequel Euler et d'Alembert n'avoient pu s'accorder, et qui est d'une utilité comparable aux difficultés sans nombre qu'il présente, a donné lieu aux recherches de tout ce que nous connoissons de géomètres distingués. MM. Laplace et Condorcet avoient imaginé de considérer les équations qui renferment à-la-fois des coefficiens différentiels et des différences, que M. Lacroix a désignées par le nom d'*équations aux différences mêlées*. M. Biot a donné quelques principes généraux sur la solution de ces sortes d'intégrales. MM. Poisson et Paoli ont encore étendu plus loin cette théorie, qui, plus que toute autre, est impossible à traduire en langue ordinaire.

Mécanique.   Toutes les lois de la mécanique ont été rappelées à des principes généraux, parmi lesquels nous ne citerons que celui des vîtesses virtuelles, base unique de la mécanique analytique de M. Lagrange, qui, à l'aide du calcul des variations, a su l'appliquer à toutes les circonstances de l'équilibre et du mouvement. M. Lagrange avoit d'abord supposé ce principe ; il en a depuis donné une démonstration. On en trouve une autre de M. Laplace dans la *Mécanique céleste ;* et depuis, MM. Poinsot et Ampère en ont trouvé de nouvelles. Il en existoit une plus ancienne dans le *Traité de l'équilibre et du mouvement* de M. Carnot. MM. Prony et Poisson, dans leurs leçons à l'École polytechnique, ont eu plus d'une occasion de s'occuper de recherches analogues.

M. Laplace a ramené à ce même principe ses recherches nombreuses sur le système du monde ; il a repris la mécanique dans tous ses fondemens, et démontré rigoureusement toutes les parties de cette science. La loi des aires l'a conduit à la considération d'un plan qui se meut parallèlement à lui-même avec le centre du système, et dont on peut calculer la position pour un instant quelconque. C'est à un plan de cette espèce qu'il rapporte les mouvemens des satellites de Jupiter ; et par ce moyen il a pu triompher des difficultés inextricables de ce système particulier, qui est en petit une représentation du grand système de l'univers, et qui présente cet avantage, que tous les changemens, toutes les révolutions, s'y accomplissent en des temps infiniment plus courts, et par-là plus favorables aux recherches présentes : il a déduit de l'observation les lois de Kepler, qui lui servent à prouver la loi de la pesanteur universelle.

C'est en se créant des méthodes d'approximation que les géomètres du dernier siècle ont pu soumettre au calcul les effets de l'attraction. M. Lagrange avoit donné des formules nouvelles, susceptibles encore de développemens ultérieurs. M. Laplace a fait de ce problème l'objet spécial de ses méditations : il avoit trouvé des moyens pour obtenir les équations séculaires, et calculer séparément les termes de tous les ordres auxquels on prévoit que l'intégration pourra donner une valeur sensible ; moyens qui l'ont conduit à la découverte des équations à longue période, et à celle de l'équation séculaire de la lune.

Nous ne conduirons pas plus loin l'extrait de la *Mécanique céleste*; il nous suffira de dire que dans cet ouvrage, où brille à chaque page le génie de l'analyse, et le plus riche de tous en applications intéressantes, on remarque par-tout des théories entièrement propres à l'auteur, ou qu'il a su s'approprier par les formes nouvelles qu'elles ont reçues entre ses mains.

L'auteur en a donné, sous le nom d'*Exposition du système du monde*, une espèce de traduction en langue vulgaire, dans laquelle, sans employer aucun calcul, il développe au lecteur un peu géomètre l'esprit des méthodes et la marche des inventeurs.

De ces grands problèmes de physique céleste, M. Laplace redescend avec le même succès à des phénomènes moins imposans, mais non moins difficiles : c'est ainsi qu'il explique les effets de la capillarité par deux méthodes entièrement indépendantes l'une de l'autre, et qui le conduisent aux mêmes équations.

M. Legendre avoit le premier démontré que la figure elliptique pouvoit seule convenir à l'équilibre d'une masse fluide animée d'un mouvement de rotation, et dont toutes les molécules s'attirent en raison inverse du carré des distances. Par une équation due à M. Laplace, il a prouvé que la même figure convient encore aux sphéroïdes recouverts de lames fluides, et de densités·variables suivant une loi quelconque. Il a enfin poussé ses recherches jusqu'aux sphéroïdes hétérogènes qui ne sont pas de révolution.

La même équation a conduit M. Biot, par un procédé fort simple, à plusieurs théorèmes d'une grande généralité, qu'il particularise ensuite pour les sphéroïdes elliptiques.

Enfin la même équation, entre les mains de M. Lagrange, a donné les termes successifs du développement des perturbations; et ce grand géomètre a fait l'application de sa méthode pour les équations séculaires à celle de la lune, dont M. Laplace avoit le premier analytiquement constaté l'existence et la grandeur.

Nous n'avons parlé que de la mécanique rationnelle, et cependant la mécanique pratique s'est honorée par des inventions utiles qui ont vivifié nos manufactures, désormais presque indépendantes de l'industrie étrangère. Ces découvertes précieuses n'ont été décrites dans aucun ouvrage imprimé qui soit à notre connoissance, et nous aurions craint de les défigurer par des notices imparfaites; mais, dans notre compte général, nous avons rassemblé soigneusement tous les renseignemens que nous avons pu nous procurer. Nous pourrons parler avec beaucoup plus d'assurance des montres à longitude qui ont mérité à Louis Berthoud le prix de l'Institut et les éloges des navigateurs, et citer le belier hydraulique de Montgolfier comme une invention très-ingénieuse, dont le succès paroît assuré, toutes les fois du moins qu'on n'a pas besoin d'un très-grand volume d'eau. Enfin, parmi les idées approuvées par la classe des sciences, nous indiquerons le pyréolophore de MM. Lenieps, nouveau moteur qui paroît propre à produire les plus grands effets, et les métiers pour le tricot à jour de M. Bellemère, qui, en rendant les mouvemens du métier Anglois beaucoup plus légers, a su faire un assemblage moins coûteux de moitié, et dont une expérience de deux ans a constaté les avantages.

ASTRONOMIE. LES principaux élémens de l'astronomie, les positions des étoiles, les réfractions, la hauteur du pôle, l'obliquité de l'écliptique, le cours du soleil, tous ces points sont tellement liés entre eux, qu'il est absolument impossible d'en bien déterminer un seul sans la connoissance exacte de tous les autres. C'est par des soins constans, des efforts souvent renouvelés, long-temps soutenus, que nous avons pu arriver à une précision déjà très-remarquable, et à laquelle ajouteront encore nos successeurs. Pendant trente ans M. Maskelyne avoit travaillé à perfectionner un catalogue de trente-quatre étoiles : en partant de ce travail, MM. de Zach et Delambre ont rectifié les anciens catalogues. MM. Cagnoli et Piazzi ont repris l'ouvrage par ses fondemens ; et M. Lalande neveu, travaillant sur un plan beaucoup plus vaste, se propose d'employer toutes ses forces et tout son temps à perfectionner l'immense catalogue dont il nous a donné les observations. MM. Piazzi et Delambre ont déterminé les réfractions par des moyens purement astronomiques. MM. Borda et Laplace avoient appliqué l'analyse à ce problème difficile : M. Biot a cherché dans la physique les moyens de vérifier la constante de l'équation ; et ses expériences l'ont conduit, à deux reprises différentes, précisément à la même quantité que Delambre avoit tirée des observations astronomiques. L'obliquité de l'écliptique a été déterminée avec le plus grand accord par MM. Piazzi, Maskelyne et Delambre, par trois instrumens et dans trois climats différens.

Piazzi,

Piazzi, Delambre et Triesnecker ont déterminé plus précisément la précession des équinoxes. Dans la construction de ses tables solaires, l'un de ces astronomes a fixé par une multitude d'observations les masses de Mars, de Vénus et de la Lune, et il a cherché à donner aux mêmes tables une forme nouvelle et plus commode. Les principaux points de sa théorie ont été confirmés aussitôt par les recherches de M. Piazzi et par celles de M. le baron de Zach. Votre Majesté a daigné accepter la dédicace de ces tables que le bureau des longitudes a publiées avec les tables lunaires de M. Burg, qui supposent pareillement un nombre prodigieux d'observations, des calculs plus longs, plus délicats, impossibles même si l'analyse de M. Laplace ne fût venue au secours de l'astronome. Les recherches de MM. Mason et Burg avoient déterminé les inégalités périodiques ; MM. Burg et Bouvard avoient fixé l'époque de la longitude : mais des inégalités difficiles à démêler, des équations à longue période, qui se confondent long-temps avec les moyens mouvemens, présentoient autant de difficultés insurmontables, si l'analyse de M. Laplace n'eût fourni le fil secourable à l'aide duquel on est sorti de ce labyrinthe. La même analyse a déterminé des équations qu'on hésitoit à recevoir, et d'autres auxquelles on n'avoit pas songé. Elle assure aux nouvelles tables de M. Burg une précision à-la-fois plus grande, plus durable, et plus digne du prix qui lui fut adjugé dans une circonstance unique dans les annales des sciences, lorsque l'Institut avoit à sa tête le puissant génie qui se plaisoit parmi nous à couronner les arts de la paix, et qui bientôt après, repassant les Alpes, étonnoit de nouveau

Tables du soleil et de la lune.

Sciences mathématiques.   C

le monde par ces marches rapides, ces conceptions har-
dies, ces combinaisons profondes, qui ont fait de l'art de
la guerre une science toute nouvelle, dont il ne nous appartient pas d'exposer les progrès.

Tables des
planètes. Les perturbations de Mercure, de Vénus et de Mars,
n'offrent plus aucune difficulté. Lalande, par un travail
de quarante ans, a conduit la théorie de Mercure à un grand
degré de perfection. Quatre astronomes se sont occupés
simultanément de Mars ; MM. Oriani, Lalande neveu,
Triesnecker et Monteiro. Jupiter et Saturne offroient des
difficultés qui, pendant bien des siècles encore, auroient
fait le tourment des astronomes. Persuadé de l'impossibilité de représenter toutes les observations, Lalande se
bornoit à satisfaire aux dernières. Lambert avoit donné
des équations empiriques qui pouvoient pallier le mal
pendant quelques années : M. Laplace en trouva le remède
dans une équation dont la période est de plus de neuf
cents ans, et qui depuis trois cents paroissoit accélérer le
mouvement de Jupiter et retarder celui de Saturne. Pour
mettre cette belle théorie dans tout son jour, Delambre
avoit calculé avec le plus grand soin tout ce qu'on avoit
de bonnes observations depuis la renaissance de l'astronomie, et il avoit réduit presque à rien les erreurs des
tables ; mais, dans les observations qu'il avoit été forcé
d'employer, celles qui pouvoient inspirer une confiance
entière formoient le plus petit nombre. Depuis que les
bonnes observations se sont multipliées, M. Bouvard, en
continuant ce travail, et profitant des nouveaux perfectionnemens ajoutés par M. Laplace à sa théorie, est parvenu à rendre les erreurs vraiment insensibles.

Uranus avoit été découvert en 1781 par M. Herschel ; quand on eut huit ans d'observations, on conçut l'espoir d'en mieux connoître l'orbite elliptique et les perturbations. Delambre, par une heureuse application de la théorie de M. Laplace et un choix d'excellentes observations, y réussit tellement, que dix-sept années écoulées depuis n'ont encore indiqué aucune correction sensible. M. Oriani, qui dans le même temps s'occupoit du même sujet, eut un même succès pour les perturbations ; et s'il a moins bien réussi dans la partie elliptique, on ne peut l'imputer qu'aux observations moins nombreuses dont il s'est servi.

M. Laplace avoit déterminé les perturbations réciproques de toutes les planètes principales : il lui restoit à faire un travail semblable pour les satellites de Jupiter. M. Lagrange, dans un ouvrage où l'on reconnoissoit la main d'un grand maître, avoit déjà traité ce sujet d'une manière toute nouvelle : en considérant tout-à-la-fois les attractions réciproques du Soleil, de Jupiter et de ses satellites, il avoit en effet résolu le problème des six corps ; mais le sujet étoit trop riche pour être épuisé dans une première tentative. M. Laplace, en reprenant cette théorie, y fit des découvertes importantes qui la complétèrent ; cependant elle renfermoit encore bien des constantes arbitraires, qui ne pouvoient être déterminées que par la discussion d'un nombre prodigieux d'observations. Delambre s'étoit chargé de ce travail, et les tables qui en résultèrent ont été adoptées par tous les astronomes ; ce qui ne l'a pas empêché de les recommencer sur un plan plus vaste, et d'après la totalité des observations que l'on a faites depuis la découverte des satellites. Ce nouveau travail, achevé depuis deux ans, est maintenant sous presse et va bientôt paroître, avec les Tables de Saturne et de Jupiter de M. Bouvard.

Cometes.

Le problème des comètes a long-temps été regardé comme le plus difficile de l'astronomie. Traité directement, il est d'une difficulté qui équivaut à une espèce d'impossibilité : par les méthodes d'approximation qu'on a imaginées, il peut maintenant se réduire à quelques heures de calcul. Parmi ces méthodes, celle de M. Laplace paroît jusqu'à présent, sinon tout-à-fait la plus courte, du moins l'une des plus commodes, et peut-être la plus sûre de toutes : celle de M. Legendre, beaucoup plus nouvelle, n'a pu encore être mise que rarement à l'épreuve ; et, dans les méthodes indirectes, l'expérience seule peut décider. Mais la manière dont M. Legendre corrige ses premières approximations, peut avoir des usages intéressans et multipliés : l'auteur en fait l'application à l'arc mesuré entre Dunkerque et Barcelone ; il en conclut des inégalités dans la densité de la terre, qui expliquent en effet, d'une manière fort naturelle, les petites irrégularités que les observations ont décelées dans les latitudes et les azimuts.

La comète de 1770 a long-temps occupé les astronomes ; on n'a jamais pu représenter les observations que par une ellipse qui rameneroit cette comète deux fois en onze ans. Depuis trente-sept ans, elle auroit dû reparoître six fois, et on ne l'a pas revue ; elle n'avoit jamais été observée avant 1770. Ce singulier problème a été proposé pour le sujet d'un prix remporté par M. Burckhardt, qui a fait tout ce qu'on pouvoit attendre d'un astronome aussi savant que laborieux. Après des calculs immenses, il a conclu que la comète devoit faire sa révolution en cinq ans et demi, et que, si elle n'avoit pas reparu, la cause la plus probable devoit être dans les perturbations de Jupiter, qui auroient changé son orbite. Le problème rentroit alors dans le domaine de l'analyse. M. Laplace en a donné les formules ; M. Burckhardt les a calculées. Il en résulte, en effet, que la comète passant près de Jupiter, son orbite a été tellement changée, qu'elle sera désormais toujours trop éloignée du Soleil pour être jamais aperçue de la Terre, à moins qu'elle n'éprouve en sens contraire des variations aussi considérables.

Nous n'avons rien dit des observations curieuses, des découvertes intéressantes qui ont signalé les dix-huit ans qui viennent de s'écouler. Depuis le 1.er janvier 1801, quatre planètes nouvelles ont été aperçues. MM. Gauss et Burckhardt les ont calculées ; elles sont si petites, qu'il n'est pas étonnant qu'elles eussent échappé aux regards des astronomes, accoutumés à considérer comme parfaitement inutiles pour la science, les millions d'étoiles de même grandeur qui couvrent presque tous les points de la voûte céleste. Comme planètes, il se pourroit bien qu'elles ne fussent pas en elles-mêmes d'une utilité plus grande ; mais elles peuvent nous fournir des connoissances ou du moins des remarques nouvelles. Déjà elles ont étendu nos idées : les planètes connues étoient toutes à des distances très-différentes du Soleil ; les quatre dernières en sont toutes également éloignées. C'est un fait nouveau, mais qui ne dérange aucun calcul, aucune théorie. L'une

Nouvelles planètes.

de ces planètes est excentrique, au moins autant que Mercure; une autre autant que Mars. L'inclinaison de la seconde est plus grande à elle seule que les inclinaisons réunies de toutes les autres planètes : il faudra élargir le zodiaque. Mais le zodiaque n'est qu'un mot, les astronomes n'en font aucun usage; et dès long-temps on sait que les comètes n'en ont pas. Cette grande inclinaison, cette grande excentricité, rendront les perturbations plus difficiles à calculer; elles seront peut-être pour les géomètres une occasion de reculer les bornes de l'analyse, et ce qui sembloit un inconvénient deviendroit un nouvel avantage. La première de ces planètes a été vue par M. Piazzi, la troisième par M. Harding, et les deux autres par M. Olbers. Ce savant distingué, à qui la classe des sciences vient de décerner, pour la seconde fois, la médaille fondée par Lalande, a pensé que ces planètes si petites pourroient bien être les fragmens d'une planète plus considérable qu'une cause inconnue auroit fait éclater en divers morceaux. Il en a conclu que toutes leurs orbites devoient se couper de deux points opposés du ciel, qu'elles doivent toutes passer par l'un de ces points à chaque demi-révolution, et que, pour les connoître toutes, il faut visiter plusieurs fois par an ces deux régions du ciel. En effet, les quatre planètes-ont été trouvées vers ces points, et les deux dernières, depuis que M. Olbers a fait connoître cette idée, qui est au moins fort heureuse. M. Olbers a d'ailleurs trouvé plusieurs comètes, et a même donné une méthode fort simple et fort ingénieuse pour en calculer les orbites.

Dix-sept comètes ont été découvertes depuis 1789; on

les doit aux veilles et aux soins de MM. Messier, Bouvard, Méchain, Pons, Olbers, et de mademoiselle Herschel. Toutes leurs orbites ont été calculées par MM. Méchain, Saron, de Zach, Bode, Englefield, Prosperin, Olbers, Burckhardt et Bouvard.

M. Burckhardt a fait connoître plus exactement les orbites de plusieurs comètes anciennes, dont il a retrouvé des observations inédites dans les dépôts de l'Observatoire; aucune de ces comètes nouvelles ne ressemble à celles que nous connoissions déjà. On peut s'étonner que sur quatre-vingt-dix-sept qui sont calculées, on n'en compte encore qu'une seule qui soit revenue. Leurs orbites seroient-elles paraboliques ou hyperboliques? ou bien auroient-elles, dans leur cours, éprouvé des attractions semblables à celle qui a fait disparoître la comète de 1770?

D'autres observations d'un genre différent ont également intéressé les savans. M. Herschel a continué sa description du ciel; ses catalogues d'étoiles doubles, triples et qua-druples, de nébuleuses, avec ou sans étoiles, à disque rond comme celui des planètes, ou d'une forme irrégulière. Il s'est efforcé de déterminer les mouvemens divers de ces astres, qu'il fait circuler autour de leur centre commun de gravité. Il a trouvé à l'anneau de Saturne, par l'obser-vation d'un point remarquable dont il a mesuré le mou-vement, une rotation de dix heures et demie, dans le même temps que M. Laplace démontroit, par son analyse, que cet anneau ne pouvoit se soutenir sans une rotation d'environ dix heures.

M. Schroeter s'est attaché spécialement à nous donner des descriptions détaillées de diverses planètes, à mesurer

et déterminer le temps de leur rotation. Il a trouvé celle
de Vénus par l'observation d'une montagne située à la
pointe australe du croissant : cette rotation est de vingt-
trois heures vingt et une minutes. Par des moyens analogues, il a reconnu que Mercure et Mars tournent en
vingt-quatre heures et quelques minutes.

Il résulte de cet exposé rapide, que depuis 1789
l'astronomie s'est perfectionnée dans toutes ses parties ;
que toutes les inégalités sensibles des planètes ont été
développées et évaluées ; que les tables ont acquis une
précision à-la-fois plus grande et plus durable ; que les
calculs usuels sont devenus plus exacts ; qu'enfin les observations nous ont fait connoître des astres entièrement
nouveaux pour nous, et qu'elles ont agrandi à nos yeux
et à notre imagination l'ensemble admirable qui forme
le système du monde. On peut voir toutes ces améliorations plus détaillées dans les grands traités d'astronomie
publiés par M. Lalande en 1792, et par M. Schubert
en 1798.

PHYSIQUE MATHÉMATIQUE. La révolution opérée de nos jours dans la chimie n'a
pu se faire sans détourner un peu de leurs recherches
habituelles nos physiciens, qui voyoient s'ouvrir, dans une
science si voisine, une carrière qui leur promettoit de
plus nombreuses découvertes. Nous aurons pourtant à
raconter, en physique, des travaux curieux et des inventions intéressantes.

La balance de torsion avec laquelle Coulomb avoit si
heureusement déterminé la loi des attractions et des répulsions électriques, lui servit à prouver que les phénomènes
magnétiques

magnétiques étoient soumis à une loi toute semblable ; à mesurer les moindres effets du magnétisme ; à trouver le degré très-élevé de température qui les fait totalement disparoître ; à montrer que le magnétisme n'est point, comme on l'avoit cru, une propriété particulière à certains corps, mais qu'elle existe dans tous, même dans ceux qui en paroissent le plus dénués. La même balance lui fit mesurer la resistance que les fluides opposent au mouvement, et dont la loi est exprimée par deux termes, desquels Newton n'avoit trouvé que le premier, parce que le second ne devient sensible que dans les mouvemens très-lents.

Toute sa vie Coulomb s'étoit occupé du perfectionnement des boussoles d'inclinaison et de déclinaison. L'inclinaison sur-tout étoit difficile à obtenir, parce que MM. Coulomb, Laplace et Borda n'avoient pas encore donné les formules propres à la déterminer par le nombre des oscillations, et que les boussoles étoient inexactes. M. Gilpin vient de publier (*dans les Transactions philosophiques*) une longue suite d'observations qui prouvent que l'inclinaison est sujette à des variations diurnes et séculaires, et que la diminution annuelle est maintenant de cinq minutes. M. Cassini, avec des boussoles de son invention, avoit observé les inégalités diurnes de la déclinaison. M. Biot avoit tenté de déterminer, par les observations de La Pérouse et de M. de Humboldt, la position de l'équateur magnétique, et son intersection avec l'équateur terrestre. M. de Humboldt, à son tour, vérifia la théorie de M. Biot par de nouvelles observations faites en commun avec M. Gay-Lussac. Ils trouvèrent que les grandes chaînes

Sciences mathématiques.   D des montagnes, les volcans même embrasés, n'avoient aucune influence sensible sur la force magnétique ; que cette force diminuoit progressivement à mesure qu'on s'éloignoit de l'équateur terrestre. MM. Biot et Gay-Lussac, dans leurs ascensions aérostatiques, ont remarqué que la distance de la terre n'apporte aucune diminution sensible à l'intensité du magnétisme ; et cependant M. Gay-Lussac, dans la dernière de ces ascensions, s'étoit élevé à une hauteur la plus grande à laquelle on soit jamais parvenu, puisqu'elle surpasse celle de toutes les montagnes du globe.

M. Wollaston avoit imaginé un appareil extrêmement simple, à l'aide duquel il mesuroit la réfraction et la réflexion des substances opaques avec la même facilité que celles des substances transparentes ; mais sa formule ne s'appliquoit qu'aux milieux diaphanes. Guidé par une analyse plus complète, M. Malus, en faisant quelques changemens à l'appareil de M. Wollaston, a déterminé la réfraction d'un même corps dans l'état de transparence et d'opacité successivement, et il a trouvé que le pouvoir réfringent est toujours le même dans l'un et dans l'autre cas ; ce qui est d'ailleurs conforme à la théorie.

M. Ramond, sur les Pyrénées, avoit trouvé une correction très-légère à faire au coefficient de la formule de M. Laplace, pour calculer la hauteur d'une montagne sur laquelle on a fait une observation barométrique. M. Biot, en répétant les expériences de physique sur lesquelles M. Laplace s'étoit fondé, a trouvé qu'en effet la correction étoit nécessaire ; et ces expériences de M. Biot lui ont donné le coefficient de M. Ramond, comme elles lui avoient donné la réfraction de Delambre. Ce même travail l'avoit conduit à d'autres conséquences très-intéressantes sur le pouvoir réfringent des différens gaz, et à un moyen d'estimer avec plus de précision que par les procédés chimiques même, la composition de diverses substances, telles, par exemple, que le diamant, qu'il croit en partie composé d'oxigène.

Pendant que les astronomes de France mesuroient la grandeur de la terre pour y trouver le fondement du système métrique, M. Shuckburgh cherchoit à déterminer le rapport des mesures usuelles d'Angleterre avec le pendule qui bat les secondes à la latitude de cinquante-un degrés et demi. Ses expériences étoient très-précises : mais en comparant la longueur de son pendule avec deux règles-étalons construites par deux artistes d'une grande renommée, il s'aperçut avec étonnement que les deux règles n'étoient pas exactement de même longueur ; ce qui prouve l'inconvénient de ces mesures arbitraires dont le modèle n'existe nulle part dans la nature ; ce que nous savions d'ailleurs par les altérations que le laps de temps avoit occasionnées dans notre toise et la pinte de Paris. Dans le même temps, M. Cavendish (par des moyens qui ne sont que la balance de torsion de Coulomb, exécutée plus en grand) déterminoit la densité de la terre, qu'il trouvoit cinq fois et demie plus grande que celle de l'eau.

Roy et Ramsden avoient observé les dilatations du verre et des divers métaux pour se préparer à la mesure de deux bases dans l'opération trigonométrique d'Angleterre. Lavoisier et Borda déterminèrent les dilatations

du laiton et du platine. Borda et M. Cassini mesurèrent, par des observations d'une précision toute nouvelle, la longueur du pendule qui bat les secondes à
Paris, pour obtenir exactement le rapport de ce pendule
au mètre.

Vers le même temps, une nouvelle branche de physique
étoit née d'une expérience de Galvani, que tous les physiciens s'empressèrent de répéter et de diversifier. M. de
Humboldt eut le courage de s'y soumettre lui-même, en
bravant les douleurs les plus cuisantes, pour connoître
mieux des effets dont on attendoit de précieuses lumières
sur l'économie animale et peut-être même sur le principe
de la vie. Si ces brillantes espérances ne sont pas encore
réalisées, le galvanisme a du moins donné naissance à la
pile de Volta, qui bientôt nous a montré des merveilles
plus réelles, et qui excitent en ce moment même le plus
vif intérêt. M. Biot a donné de cet appareil une théorie
fort élégante, mais qui suppose deux principes, dont
l'un, quoique très-approché, et le plus simple qu'on puisse
imaginer, n'a pourtant pas été mis tout-à-fait hors de
doute par les expériences.

GÉOGRAPHIE
ET VOYAGES.

A l'époque de 1789, toutes les nations à l'envi paroissoient animées du desir de perfectionner la description
de leurs états et des mers qui baignent leurs côtes. Le
goût qu'avoient fait naître les voyages heureux et brillans des Bougainville, des Cook, ne s'affoiblit pas par les
expéditions désastreuses, mais non pourtant inutiles, de
La Pérouse et de Dentrecasteaux. Les Anglois ont profité
des avantages de leur position : tandis que leur société

Africaine pénétroit dans des contrées entièrement inconnues, que leur Hornman recevoit l'accueil le plus distingué du vainqueur de l'Égypte, que Mungo-park bravoit les plus grands dangers pour ouvrir de nouvelles routes au commerce de son pays, que Flinders s'exposoit à des dangers plus terribles encore pour visiter la terre de Diémen et les côtes de la Nouvelle-Hollande, leurs vaisseaux parcouroient la mer et l'archipel des Indes, leurs ambassadeurs reconnoissoient le Thibet, le royaume de Java, et pénétroient en Chine. Vancouver décrivoit les côtes qu'il étoit chargé de reconnoître, avec des soins et une exactitude dignes de servir de modèle à tous ceux qui auront à remplir de pareilles missions. Les François, si glorieusement occupés ailleurs, n'avoient pourtant point abandonné les recherches géographiques. Si les Anglois nous faisoient mieux connoître la pointe méridionale de l'Afrique, les François trouvoient en Égypte matière à des descriptions bien plus intéressantes. Le capitaine Marchand avoit fait autour du monde un voyage heureux et modeste, qui, pour être apprécié ce qu'il vaut, attendoit la plume d'un navigateur distingué. M. de Fleurieu a su y ajouter un prix nouveau, en donnant aux marins toutes les instructions qui peuvent rendre leurs courses moins périlleuses et plus utiles, en les préparant à recevoir le bienfait des nouvelles mesures, et en proposant une division plus méthodique des mers, division déjà adoptée en Espagne par un savant qui pourtant croyoit avoir à se plaindre de la manière dont M. de Fleurieu avoit parlé de ses compatriotes. Mais si les Espagnols ont en effet mérité jadis quelques reproches en gardant pour eux leurs découvertes, il est juste aussi de dire qu'ils ont adopté maintenant un système tout opposé : le dépôt hydrographique de Madrid, à l'instar de celui de France, a publié franchement des cartes et des ouvrages qui lui font le plus grand honneur.

M. Buache a préparé pour nos navigateurs tous les renseignemens qui peuvent diriger leur marche ; il a rassemblé dans le dépôt de la marine toutes les connoissances qui pouvoient leur être utiles ; il a discuté tout ce qu'une érudition vaste lui a fait découvrir d'essentiel dans les géographes anciens, dont il croit que l'intérieur de l'Afrique et même la Nouvelle-Hollande avoient été passablement connus. Muni de ces instructions, le capitaine Baudin alla reconnoître les côtes de la Nouvelle-Hollande dans une expédition recommandable sur-tout par les services qu'elle a rendus à l'histoire naturelle. Enfin, pour terminer cette notice par un voyage qui renferme tous les genres de mérite, M. de Humboldt a fait à ses frais une entreprise qui honoreroit un gouvernement : seul, avec son ami Bonpland, il s'est enfoncé dans les déserts de l'Amérique ; il en a rapporté six mille plantes avec leurs descriptions, les positions de plus de deux cents points déterminés astronomiquement ; il est monté à la cime du Chimboraço, dont il a mesuré la hauteur ; il a créé la géographie des plantes, assigné la limite de la végétation et des neiges éternelles, observé les phénomènes de l'aimant et des poissons électriques, et rapporté aux amateurs de l'antiquité des connoissances précieuses sur les Mexicains, leur langue, leur histoire et leurs monumens.

Sire, nous avons obéi (bien imparfaitement, sans doute, mais autant que nos moyens l'ont permis) aux ordres de votre Majesté, en lui offrant cet extrait sommaire du tableau plus étendu, moins incomplet, que nous avons l'honneur de lui présenter au nom de la classe des sciences mathématiques et physiques de son Institut. Votre Majesté vient d'entendre les noms de tous ceux qui ont contribué aux progrès des mathématiques. Tous ces savans auront reçu la plus flatteuse de toutes les récompenses dans la certitude que leurs efforts sont connus de l'auguste protecteur dont un regard suffit pour encourager les sciences, les lettres et les arts.

Il nous reste a remplir un devoir bien honorable et bien facile. Votre Majesté daigne interroger l'Institut sur les moyens d'assurer les progrès ultérieurs : les progrès des mathématiques ne sont nullement douteux, l'instruction première trouve des sources abondantes dans tous les lycées ; l'École polytechnique est une pépinière de sujets distingués pour tous les genres de service public. Déjà nous avons vu sortir de cette école plus d'un jeune savant, tel que MM. Biot, Poisson, Malus, qui, marchant sur les traces des plus grands géomètres, leur promettent de dignes successeurs ; d'autres, comme MM. Puissant, Francœur, ont vu leurs ouvrages adoptés pour l'enseignement et les services publics. La loi bienfaisante qui a régénéré l'instruction, promettoit une école spéciale aux mathématiques ; cette école existoit. La géométrie et l'algèbre, l'astronomie et la physique, sont professés au Collége impérial de France. Un cours d'analyse transcendante y compléteroit l'enseignement des sciences exactes.

Une opération importante avoit été commencée pour donner à la France une perpendiculaire digne de sa méridienne.... Mais nous ne formons point de vœu ; nous attendons avec une confiance respectueuse ce qu'il plaira à votre Majesté d'ordonner en faveur d'une science dont elle eût elle-même reculé les limites, si de plus hautes destinées ne l'eussent appelée à les protéger toutes également, pour les faire concourir à la splendeur et aux merveilles de son règne.

RAPPORT

RAPPORT

LES SCIENCES MATHÉMATIQUES.

Nous n'avons pu dans notre Discours présenter qu'une esquisse imparfaite de nos progrès dans les mathématiques : pressés par les circonstances, qui ne permettoient aucun développement, nous n'avons guère fait que citer les noms et indiquer les travaux les plus remarquables. Revenons maintenant sur les mêmes objets pour les faire un peu mieux connoître, et réparer des omissions involontaires (1).

---

(1) Dans ce Rapport, tout ce qui concerne les mathématiques pures et l'analyse transcendante est tiré d'un ouvrage de M. Lacroix, qui l'avoit soumis aux sections mathématiques réunies. Nous nous sommes fait un devoir de conserver toutes les idées, et, autant qu'il a été possible, les expressions d'un rapport qui avoit obtenu une sanction si respectable. Nous avons les mêmes obligations à M. Buache, pour ce qui concerne la géographie et les voyages.

La géométrie pure, cultivée plus anciennement que les autres branches des mathématiques, étoit, par conséquent, celle qui présentoit le moins d'espérance de progrès. Les auteurs des livres élémentaires avoient suivi deux marches bien différentes. Les uns, sur-tout en Angleterre, pensant que l'ordre adopté par Euclide étoit le seul qui pût conduire à des démonstrations rigoureuses, et que, destinés principalement à développer le jugement des élèves et à former leur logique, ces traités devoient être considérés comme les sources où il falloit puiser les modèles des preuves les plus exactes, ne s'étoient guère écartés des traces du géomètre Grec, et avoient borné leurs travaux à purger le texte des fautes qui s'y étoient glissées par le laps de temps et par l'impéritie des copistes ; tout au plus s'attachoient-ils à donner quelquefois des démonstrations plus courtes ou plus rigoureuses : tel fut Robert Simpson. Les autres, frappés du désordre que quelques François (et, entre autres, Arnaud de Port-Royal) avoient remarqué dans Euclide, et qu'il seroit en effet difficile de se dissimuler, sacrifierent une rigueur qui leur sembloit minutieuse, pour atteindre à l'ordre qui leur paroissoit le plus propre a fixer les propositions dans la mémoire des élèves, et à leur en faire mieux sentir la liaison.

Les ouvrages que la France avoit en ce genre, avoient acquis la prépondérance, lorsque M. Legendre, en 1794, entreprit de faire revivre parmi nous le goût des démonstrations rigoureuses. Des notes placées à la fin de ses Élémens de géométrie offrirent des discussions délicates sur le fondement d'une méthode pour traiter analytiquement la géométrie, en partant d'un seul théorème déduit de la superposition des triangles ; sur l'impossibilité d'exprimer avec des irrationnelles le rapport de la circonférence au diamètre ; sur les polyèdres symétriques, qui sont des corps construits avec des plans égaux, assemblés sous des angles égaux, mais qui, par un renversement de parties, ne sauroient coïncider. La division d'un parallélipipède en deux prismes triangulaires produit des corps de ce genre, dont l'égalité ne pouvoit être démontrée qu'en s'appuyant sur les considérations de l'infini, sur la méthode d'exhaustion et sur celle des limites.

Dans les éditions suivantes, que l'accueil fait par le public à l'ouvrage de M. Legendre a rendues nécessaires dès l'an 1800, l'auteur a donné une démonstration simple et élémentaire de cette importante proposition.

Aujourd'hui qu'il est bien reconnu que la géométrie des courbes et le calcul des circonstances du mouvement varié exigent absolument l'emploi des infiniment petits, des limites ou des fonctions analytiques de divers ordres, on est sans doute suffisamment autorisé à faire connoître dans les élémens ces méthodes qui doivent servir de base aux théories plus élevées ; et c'est pour cette raison que, dans ses leçons données à l'École normale, M. Laplace les a indiquées comme un moyen de concilier la rigueur des démonstrations avec l'ordre naturel des idées, qui semble demander qu'on isole les divers degrés d'abstraction que l'on fait subir aux corps pour les considérer en géométrie : mais, quoi qu'il en soit, les amateurs de la rigueur géométrique et des méthodes anciennes ont été bien aises de voir rentrer dans le domaine de la superposition, premier moyen de la géométrie élémentaire, une des plus importantes propositions sur lesquelles repose la mesure des volumes.

Vers la même époque, M. Lacroix a fait paroître des Élémens de géométrie, dans lesquels il s'est appliqué avec succès à joindre l'exactitude du raisonnement à l'enchaînement méthodique, et sur-tout à rendre bien évidente la liaison des propositions, sans s'écarter des formes de la géométrie ancienne, en ce qu'elles ont de véritablement essentiel.

Avant de quitter la géométrie élémentaire, nous parlerons de la géométrie du compas, due à l'intéressant et malheureux Mascheroni, enlevé par le chagrin que lui causoient les malheurs de son pays, au moment où les succès des armées Françoises, commandées par le Héros qui le premier avoit apporté en France les théorèmes les plus curieux de son livre, alloient lui rendre une patrie qu'il honoroit par ses talens. C'est en effet une idée originale que de réduire au seul usage du compas la solution de toutes les questions de la géométrie élémentaire, et de créer ainsi, dans une partie qui paroissoit épuisée, un système de propositions aussi considérable que nouveau. Celles qui regardent la division du cercle, méritent sur-tout d'être remarquées, parce qu'elles pourroient avoir des applications utiles dans la construction des instrumens de mathématiques et d'astronomie.

On doit sans doute compter parmi les acquisitions que la géométrie a faites récemment, la belle édition des Œuvres d'Archimède, imprimées à Oxford en 1791, sur les manuscrits de Joseph Torelli, recueillis par les soins de M. Philippe Stanhope ; car c'est la première version Latine

bien complète qu'on ait de ce père de la géométrie transcendante. Cette édition présente aussi le texte le plus
pur, puisqu'elle a été collationnée sur les manuscrits les
plus estimés, et qu'elle contient un grand nombre de
variantes : on y trouve aussi dans les deux langues les
commentaires d'Eutocius, qui renferment des développemens utiles, des supplémens précieux, et qui font
retrouver en plusieurs endroits le texte original, dont nous
n'avons, même en grec, qu'une espèce de traduction, par
la licence que s'étoient donnée les copistes, de substituer
le dialecte commun au dialecte Dorique, qui étoit la langue
d'Archimède.

Le $\psi\alpha\mu\mu\iota\tau\eta\varsigma$ ou l'*arénaire*, dont le but est de montrer ΨΑΜΜΙΤΗΣ.
comment on peut exprimer par des progressions numé-
riques les grandeurs les plus considérables qu'il soit possible de concevoir, faisoit desirer de connoître la manière
dont les anciens effectuoient les calculs arithmétiques,
auxquels leur numération écrite est bien moins propre
que la nôtre ; et l'ignorance où l'on étoit à cet égard,
laissoit une lacune très-remarquable dans l'histoire des
mathématiques. Elle avoit été sentie par le Héros qui pré- Arithmétique
side aux destins de la France, sans que tant de soins et des Grecs.
de travaux puissent l'éloigner tout-à-fait des sciences. Il
en fit lui-même l'observation aux membres du bureau des
longitudes, dans la séance où ils furent admis à lui présenter
les nouvelles tables lunaires qu'on devoit à sa munificence.
Archimède, qui n'a mis presque aucun chiffre dans son
arénaire, ne donnoit aucun moyen pour résoudre la question ; mais heureusement son commentateur, sans entrer
dans aucun détail sur les règles de calcul, a du moins

donné les types exacts de toutes les opérations indiquées dans le texte. En les discutant, en les comparant, en y joignant ce que Théon nous a laissé sur le calcul sexagésimal des anciens astronomes dans son commentaire sur l'astronomie de Ptolémée, M. Delambre a pu se composer un traité complet d'arithmétique, où l'on voit d'une manière fort claire comment les Grecs exécutoient les opérations les plus compliquées, jusqu'à l'extraction des racines inclusivement. Leurs moyens étoient analogues aux méthodes que nous étions forcés d'employer dans nos opérations complexes avant l'introduction du système métrique décimal, et ressembloient d'autre part à ceux qu'on emploie dans les opérations algébriques, où tout est confondu lorsqu'on n'a ni réduit ni ordonné les différentes parties d'un polynome. Ce mémoire, qui formoit une suite naturelle des Œuvres d'Archimède, a paru dans la traduction Françoise qui vient d'être publiée à Paris, par M. Peyrard, dans une forme plus commode que la belle édition d'Oxford même.

Géométrie descriptive. Une branche considérable de la géométrie, qui se recommande par des applications nombreuses, et que cultivoient par instinct plutôt que méthodiquement tous les ouvriers employés aux arts de construction, a été réduite en corps de doctrine pour les leçons de l'École polytechnique et pour celles de l'École normale. On sent qu'il s'agit ici de la théorie complète et de la pratique des opérations qui résultent de la combinaison des lignes, des plans et des surfaces dans l'espace, et que M. Monge a fait connoître sous le nom de *géométrie descriptive.* La coupe des pierres, la charpente, certaines parties de la fortification et de l'architecture, la perspective, la gnomonique; en un mot, toutes les parties des mathématiques, soit pures, soit appliquées, dans lesquelles on considère l'espace avec ses trois dimensions, sont du ressort de ce complément nouveau de la géométrie élémentaire, qui jusque-là s'étoit arrêtée à la mesure des aires et des volumes des corps, et bornoit ses constructions aux lignes tracées sur un même plan. Ce n'est pas qu'avant M. Monge les géomètres n'eussent connu la méthode des projections, et ne l'eussent employée à la résolution de plusieurs problèmes, et qu'en particulier M. Lagrange n'en eût fait l'usage le plus élégant et le plus heureux dans sa belle méthode pour les éclipses sujettes à parallaxe; méthode qu'il a réduite en formules remarquables par leur universalité, qui laisse au calculateur le choix du plan le plus convenable suivant les circonstances : mais cette théorie, bornée à un seul problème, n'avoit pas encore cette indépendance et cet enchaînement de questions qui en ont fait une véritable science que l'on peut considérer d'une manière abstraite, et appliquer ensuite à tel objet spécial qu'on voudra choisir.

C'est ainsi qu'elle a été traitée sous une forme abrégée; et comme faisant suite aux Élémens de géométrie, par M. Lacroix, dans un ouvrage publié en 1795, à l'occasion des leçons de l'École normale, mais dont les matériaux avoient été préparés et réunis plusieurs années auparavant.

L'ALLIANCE étroite que l'algèbre et la géométrie ont contractée si heureusement pour le progrès de l'une et de l'autre depuis Descartes, s'est encore resserrée par les travaux que M. Monge a faits sur la nouvelle branche de

APPLICATION de l'analyse à la géométrie.

géométrie qu'il a formée en corps de doctrine. Descartes avoit déjà indiqué le moyen de représenter les surfaces par des équations à trois indéterminées ; Herman avoit fait quelques applications de cette heureuse idée, à laquelle Clairaut, presque au sortir de l'enfance, ajouta des développemens utiles. Euler, dont l'étonnante activité a fertilisé dans toute son étendue le vaste champ des mathématiques, n'a pas négligé la théorie algébrique des surfaces ; il en a déterminé les rayons de courbure, les *maxima*, les *minima* : mais, quelqu'élégante que fût son analyse, elle ne présentoit pas encore cette symétrie qui place à-la-fois sous les yeux et dans le souvenir les plus grandes formules, à laquelle MM. Lagrange et Monge ont depuis accoutumé les géomètres ; symétrie qui a familiarisé les élèves avec des calculs que, sans ce secours, ils eussent regardés comme impraticables : sur-tout elle ne reposoit pas sur ces considérations fines qui, prenant dans le sujet ce qu'il y a de plus général et de plus simple en même temps, offrent le moyen d'attaquer la question à son origine, dispensent par conséquent de s'aider de constructions, et font prévoir, dès le commencement, la marche uniforme que prendra la solution. Les écrits dans lesquels M. Monge a fait connoître ses principales recherches sur l'application de l'analyse à la géométrie des plans et des surfaces, sont bien antérieurs à l'époque de 1789 ; mais il leur donna plus de développemens et les enrichit beaucoup lorsqu'il les destina à l'enseignement de l'École polytechnique. Ce n'est pas ici la seule occasion que nous aurons de parler des progrès que cet établissement a fait faire aux sciences : c'est le propre de toutes les institutions conçues par des
hommes

hommes de génie et formées sur un vaste plan, d'étendre leur influence beaucoup au-delà de l'objet auquel elles sont spécialement consacrées ; c'est aussi le gage de leur célébrité, et par conséquent de leur durée.

Publiées d'abord pour le seul usage des élèves de l'École polytechnique, *les feuilles d'analyse appliquée à la géométrie descriptive* renferment (outre la recherche des équations des lignes droites, des plans et de leurs intersections) l'énumération des surfaces du second degré, la théorie des plans tangens, des normales, des lignes de plus grande et moindre courbure, des rayons des sphères osculatrices, des surfaces en général, et une suite de problèmes où les principales circonstances de la génération des surfaces courbes sont ramenées à des formes analytiques, et exprimées par des équations différentielles partielles. Cette partie, qui est entièrement propre à M. Monge, lui a servi souvent pour intégrer, d'une manière aussi simple qu'élégante, un grand nombre de ces équations, et cela en suivant pas à pas dans le calcul les détails de la description géométrique. C'est ainsi qu'il a remarqué que les surfaces correspondantes aux équations dans lesquelles les coefficiens différentiels passent le premier degré, changent de forme ou de position par la variation du paramètre.

En 1772, M. Monge avoit présenté à l'Académie des sciences une théorie très-étendue de la courbure et du développement des courbes à double courbure ; il avoit montré la liaison de cette théorie avec celle des surfaces développables. M. Lancret, ingénieur des ponts et chaussées, et membre de l'Institut d'Égypte, a déterminé d'une manière simple et ingénieuse la relation des deux courbures distinctes dont ces courbes sont douées. Le même géomètre s'est occupé des développées imparfaites, déjà remarquées par Réaumur ; il a transporté le problème dans l'espace, et fait connoître les principales propriétés des courbes formées par les intersections successives des lignes droites menées sous le même angle à tous les points d'une courbe à double courbure quelconque, et celles des surfaces qui contiennent ces lignes ou ces courbes. Dans une note ajoutée à l'ouvrage de M. Monge, MM. Poisson et Hachette ont prouvé rigoureusement, pour la première fois, que les équations fournies par la transformation des coordonnées pour ramener aux axes principaux l'équation générale de ces surfaces, ont toujours des racines réelles ; proposition nécessaire pour légitimer la classification et le nombre des surfaces du second degré.

Le mérite de ces recherches ne se borne pas à leur élégance, qui est remarquable ; elles se lient aux plus belles applications physico - mathématiques, qui en acquièrent une plus grande généralité.

L'influence des travaux de M. Monge s'est également étendue aux ouvrages élémentaires, qui ont été préparés de manière à leur servir d'introduction ; c'est ce qu'on remarquera dans le *Traité élémentaire d'application de l'algèbre à la géométrie* de M. Lacroix, et dans le *Traité analytique des courbes du second degré* de M. Biot.

Les lignes et les plans considérés dans l'espace ont fourni à M. Carnot la matière d'un mémoire où il s'est proposé d'exprimer les relations mutuelles de tous ces plans et des angles qu'ils forment entre eux ; il en est résulté des formules qui pourroient, à la vérité, effrayer le calculateur le plus intrépide, mais qui doivent plaire aux géomètres par leur symétrie et leur généralité. Un usage bien entendu des deux trigonométries pourroit, dans les cas particuliers, résoudre les mêmes problèmes d'une manière plus commode pour le calcul ; mais on y perdroit l'avantage de voir dériver toutes ces formules d'un principe général et fécond. Il faudroit à chaque problème imaginer des constructions nouvelles et des artifices de calcul, et l'on se priveroit de la faculté de combiner ces équations pour en faire sortir des théorèmes inattendus, et qu'on n'auroit pas imaginé de chercher par d'autres voies. Ce mémoire est suivi d'un essai sur les transversales, qui renferme pareillement un grand nombre de théorèmes piquans par leur nouveauté ; ils reposent tous sur une formule d'une simplicité élégante, qui exprime la relation entre les segmens de deux lignes formant un angle quelconque, et ceux de deux autres lignes qui, partant d'un point commun, viennent couper les deux premières. A la vérité, ce théorème n'est pas nouveau ; mais il étoit presque entièrement oublié. Il étoit la base de la trigonométrie des Grecs ; il est démontré dans l'Astronomie de Ptolémée, étendu par son commentateur Théon, et il a fait la matière de plusieurs traités Grecs et même Arabes : depuis longtemps on n'en faisoit plus aucun usage ; il ne pouvoit guère être connu que des astronomes qui sont en même temps plus ou moins hellénistes. Il est certain que M. Carnot l'a trouvé sans aucun secours ; mais ce qui lui appartient incontestablement, c'est le parti qu'il en a su tirer, et les applications nombreuses qu'il en a faites, et dont on ne trouve aucun vestige ni dans Ptolémée, ni dans Théon.

Ce principe fondamental, M. Carnot l'avoit déjà consigné dans sa Géométrie de position, production également originale, où l'on trouve, parmi un nombre considérable de théorèmes entièrement nouveaux, toute la trigonométrie rectiligne réduite à une seule figure, qui serviroit également à démontrer toute la trigonométrie rectiligne des astronomes Grecs.

Dans tous ces ouvrages, M. Carnot s'attache à donner une théorie plus sûre et plus complète des quantités positives et négatives. D'Alembert, en différens endroits de ses écrits, avoit élevé quelques doutes sur l'idée reçue, qui considère les quantités négatives comme des quantités réelles prises dans un sens contraire à celui des quantités positives. La théorie de M. Carnot n'est pas sujette à ces difficultés ; mais elle est moins simple. Il semble qu'on pouvoit répondre à d'Alembert, que tous les embarras qu'il avoit créés venoient de ce que dans le même raisonnement il parloit successivement dans deux hypothèses contraires. Les signes ⊹ et — ont en algèbre deux significations : ils indiquent l'addition et la soustraction ; ils signifient encore qu'une quantité est prise avec le signe — en sens contraire de celui qu'elle auroit avec le signe ⊹. Si vous confondez ces deux idées, vous pouvez être conduit à quelques conclusions absurdes ; mais jamais cet inconvénient n'aura lieu, si vous distinguez les deux significations. Les objections de d'Alembert n'ont donc fait aucune impression sur l'esprit des géomètres, et l'on n'a encore aucun exemple qu'ils se soient jamais trompés en suivant invariablement une règle si simple, si commode et si universelle.

La trigonométrie est la base de la géodésie ; l'une et l'autre ont reçu dans ces derniers temps des améliorations intéressantes.

Euler, dans un mémoire imprimé en 1779, avoit ramené la trigonométrie sphérique à une forme entièrement analytique. Comme tout est déterminé dans un triangle dont on connoît, par exemple, deux côtés et l'angle compris, il en résulte que la trigonométrie toute entière est renfermée dans l'équation qui sert à résoudre ce cas particulier. L'en faire sortir, est un problème purement analytique : il y faut cependant quelque adresse ; il n'est pas même inutile de savoir d'avance ce qu'on cherche. Ce problème, au reste, n'étoit qu'un jeu pour Euler. M. Lagrange, en traitant le même sujet dans le sixième cahier du Journal de l'École polytechnique, y a joint quelques propositions curieuses concernant l'aire du triangle sphérique et la pyramide à laquelle cette surface sert de base. Il est à remarquer cependant que cette nouvelle manière d'envisager la trigonométrie n'a presque rien ajouté aux formules dont nous étions en possession, et l'on ne doit pas en être surpris : les astronomes, qui faisoient un usage continuel de ces méthodes, les avoient retournées de toutes les manières ; ils étoient même parvenus à des solutions qui étonnent par leur symétrie et leur élégance, quand on songe aux moyens élémentaires par lesquels ils y étoient arrivés. Les recherches d'Euler et de Lagrange ont rendu la méthode analytique aussi élémentaire que l'ancienne ; et depuis ce temps plusieurs géomètres, MM. Bertrand, Lacroix, Puissant, et quelques autres, ont varié ce développement, qu'on peut en effet exposer de plusieurs

façons, en commençant par celle qu'on voudra des formules particulières : une seule étant donnée, tout le reste
en découle.

Les opérations géodésiques exigent quelques attentions
particulières, quand on veut transporter à la surface de
la terre ces méthodes qui ont été imaginées primitivement
pour calculer les mouvemens des astres ; mais on n'a senti
le besoin de ces modifications que dans l'instant où l'on
a songé à mettre dans les opérations mêmes une précision
inconnue aux astronomes distingués qui, vers le milieu
du siècle, ont travaillé avec gloire à déterminer la grandeur
et la figure de la terre.

C'est en 1790 que le public a seulement eu la connoissance complète de la belle opération concertée entre les
commissaires de la Société royale de Londres et ceux de
l'Académie des sciences, pour la jonction trigonométrique
des observatoires de Greenwich et de Paris ; et c'est alors
qu'on a été à portée d'apprécier le service éminent que
Borda venoit de rendre à la géodésie et à l'astronomie, en
ressuscitant et perfectionnant l'idée ingénieuse de la multiplication indéfinie des angles, que Mayer avoit conçue
le premier, mais dont personne n'avoit senti les avantages,
et qui paroissoit reléguée parmi les tours d'adresse et les
récréations mathématiques.

Le compte rendu par MM. Cassini, Méchain et Legendre,
a montré que cet instrument, exécuté par l'habile artiste
Lenoir, sous la direction et d'après les idées de Borda,
donne, avec des dimensions plus petites de beaucoup et
une légèreté qui est elle-même un avantage extrêmement
précieux, un degré de précision pour le moins aussi grand

et incontestablement plus sûr que le grand théodolite, fruit alors tout récent du génie et de la dextérité de Ramsden. Remarquons encore, à l'avantage du cercle répétiteur, qu'il est également propre aux observations célestes et aux observations géodésiques; ce que n'a pas l'instrument Anglois, quoique nous aimions à lui rendre cette justice, qu'il est en son genre infiniment supérieur à tout ce qu'on avoit et même à ce qu'on auroit osé souhaiter.

Tous les détails de l'opération Angloise, les moyens nouveaux et ingénieux qui en ont assuré l'exactitude, sont décrits de la manière la plus satisfaisante dans plusieurs mémoires du major général Roy, dont M. de Prony a donné une traduction Françoise.

LES opérations ordonnées par la première Assemblée nationale pour l'établissement du système métrique décimal fondé sur la longueur du quart du méridien terrestre, ont encore plus contribué à perfectionner la géodésie.

MESURE DE LA MÉRIDIENNE.

Dénués de la plupart des moyens commodes, mais dispendieux, que l'on avoit employés en Angleterre, et qui d'ailleurs, imaginés pour l'usage du théodolite, s'adaptoient moins naturellement ou devenoient moins nécessaires au cercle répétiteur, qui suffisoit à tout; entravés à tout moment par la défiance et les alarmes que les orages de la révolution avoient jetées dans tous les esprits; obligés souvent de dérober leur marche et leurs opérations à tous les yeux, les astronomes François, Méchain et Delambre, entreprirent de mesurer l'étendue de la méridienne, depuis Dunkerque jusqu'à Barcelone et Montjouy. Méchain conçut même le projet et vit la possibilité de prolonger

cette mesure jusqu'aux Baléares ; il réclama hautement
la préférence pour l'exécution de son plan, dès qu'il le sut
accepté par un Gouvernement ami des arts. Il y périt victime de son zèle, lorsque toutes les difficultés paroissoient
aplanies, lorsque les deux Gouvernemens, qui étoient en
guerre au temps de ses premières opérations, agissoient
de concert pour favoriser la seconde. Son exemple n'a pu
retenir deux jeunes astronomes pleins d'ardeur, qui tra-
vaillent maintenant dans la petite île de Formentera, la plus
australe des Baléares, à terminer l'ouvrage que Méchain
a laissé imparfait. Déjà ils ont réalisé et surpassé ses espérances : les triangles conduits par cet astronome jusqu'à
Tortose s'étendent aujourd'hui jusqu'à Formentera ; deux
triangles, tels qu'on n'en avoit encore mesuré aucun,
joignent Iviça et Formentera aux côtes du royaume de
Valence. Il ne reste plus à faire que ce qui n'exige que
de la patience, de l'adresse, et des connoissances astronomiques et géométriques ; et c'est dire que le succès est
assuré. La situation plus calme des esprits permet maintenant d'employer les signaux de feux dont on avoit tenté,
mais vainement, l'usage pendant la révolution. Ces moyens,
en augmentant la fatigue des observateurs, donnent plus
de certitude aux observations : un réverbère rend visible
le centre d'une station, il en fait en quelque sorte un point
mathématique ; au lieu que les tours, les clochers et les
signaux de jour, par leurs masses, leur figure, et la manière
oblique et irrégulière dont ils sont éclairés, auroient à
chaque instant induit l'astronome en erreur, si, à force de
patience, de dextérité, il ne fût parvenu à s'affranchir de
ces illusions, en les éludant, ou en les soumettant au calcul.

Déjà,

Déjà, à l'occasion de la jonction des observatoires de Greenwich et de Paris, M. Legendre avoit donné plusieurs théorèmes pour la résolution des triangles sphériques d'une médiocre étendue : par l'un de ces théorèmes, on réduit le calcul des triangles sphériques à celui des triangles rectilignes, en retranchant de chacun des angles observés le tiers de l'excès de leur somme sur deux angles droits. Dans son dernier mémoire, il propose aussi de calculer la longueur de la méridienne et ses différentes parties, en déterminant les intersections de cette ligne avec les côtés des triangles mesurés, au lieu d'abaisser des perpendiculaires sur le méridien même, comme on l'avoit toujours pratiqué : il accompagne ces méthodes de formules pour comparer les arcs terrestres aux arcs célestes qui leur correspondent, et pour en déduire l'arc du méridien, en le supposant elliptique ou peu différent de l'ellipse. Enfin, pour prévenir tout doute et toute objection, il a prouvé en dernier lieu, dans les Mémoires de l'Institut, qu'on pouvoit toujours, sans erreur, considérer les triangles géodésiques comme des triangles formés à la surface de la sphère osculatrice. M. Oriani, dans le tome I.er des Mémoires de l'Institut Italien, a donné, des principaux de tous ces problèmes, des solutions fort exactes, fort élégantes, et qui lui sont propres.

L'un des deux astronomes chargés de mesurer la méridienne (M. Delambre), dans un mémoire intitulé *Méthodes analytiques pour la détermination d'un arc du méridien*, imprimé pour les savans nationaux et étrangers qui formoient la commission des poids et mesures, et qui devoient examiner toutes les parties de cette grande opération, a rendu

Sciences mathématiques. G

compte des méthodes nouvelles qu'il avoit suivies pour
réduire les observations soit au centre de la station, soit
à l'axe du signal observé, pour ramener les angles à l'horizon, ou même à un plan qui passeroit par les intersections
des trois normales à la surface de l'ellipsoïde terrestre ; c'est-
à-dire, à un triangle plan, qu'on doit par conséquent calculer par les simples règles de la trigonométrie rectiligne. Il
montre comment on peut ensuite en déduire, de la manière
la plus courte et la moins embarrassante pour le calculateur, l'arc du méridien, l'ellipticité de la terre, la grandeur du mètre ; il indique les cas singuliers qui exigent
des attentions particulières, les méthodes de calcul pour
toutes les observations célestes et terrestres, les moyens
de vérification pour prévenir ou corriger les erreurs dans
la position de l'instrument ; en sorte que cet ouvrage a
paru un traité aussi complet que nouveau de géodésie.
Ces méthodes, ainsi que celles de M. Legendre, ont servi
de base à l'instruction rédigée par les ingénieurs du dépôt
général de la guerre. MM. Svanberg et Puissant les ont
reproduites avec des démonstrations nouvelles, l'un dans
son nouveau degré de Suède, et l'autre dans un excellent
traité de géodésie, auquel il a donné depuis un supplément.
L'auteur lui-même les a simplifiées encore, multipliées et
démontrées d'une manière plus élémentaire dans l'ouvrage
intitulé *Base du système métrique décimal, ou Mesure de
la méridienne de Dunkerque à Barcelone.* Frappé, comme
M. Legendre, des imperfections de la méthode ancienne,
qui supposoit tous les triangles plans et les méridiens
parallèles, il a montré comment on pourroit se prémunir
contre ces erreurs sans alonger sensiblement le calcul,

traiter tous les triangles a volonté comme sphériques et comme rectilignes, et donner à la méthode des perpendiculaires, sans presque rien lui ôter de sa simplicité, la même exactitude qu'à la méthode considérablement plus longue des intersections de la méridienne avec les triangles; et pour soumettre ses formules à l'épreuve la plus rigoureuse, il les a toutes employées au calcul de l'arc entre Dunkerque et Barcelone, qu'il avoit aussi calculé suivant la méthode de M. Legendre. Ainsi, sans compter les calculs de trois membres de la commission, cet arc de onze cent mille mètres a été déterminé de quatre manières différentes, qui toutes ont conduit au même résultat; espèce de vérification dont personne encore n'avoit donné l'exemple, et que sembloit réclamer l'importance d'une opération qui, sans parler des lumières qu'elle devoit fournir sur la grandeur et la figure de la terre, devoit encore servir de base à un système de mesures prises dans la nature, impérissable comme elle, et l'un des plus beaux présens que les arts et les sciences pussent faire à la société.

Nous n'avons encore que deux volumes de l'ouvrage, qui exposera dans le plus grand jour toutes les parties de cette vaste opération : le troisième est sous presse et paroîtra dans l'année; mais les deux premiers contiennent toutes les pièces justificatives. Le rédacteur (M. Delambre) a publié, sans la moindre omission, sans la moindre réticence, tout ce qui étoit dans ses journaux; il a mis tout lecteur qui sait les premiers élémens de géométrie, à portée de refaire tous les calculs et de vérifier toutes les conséquences. Pour preuve de sa véracité, il a déposé à l'Observatoire impérial tous ses registres et les manuscrits

de son confrère Méchain ; il avoit déjà soumis ces registres
à l'examen de la commission formée de dix membres de
l'Institut et de douze savans étrangers de différentes nations,
qui s'étoient rendus à l'invitation faite par le Gouvernement
François à tous les Gouvernemens, d'envoyer des personnes
capables de juger l'opération qui venoit d'être terminée,
et de coopérer eux-mêmes aux expériences et aux calculs
qui restoient à faire pour en déduire les deux unités fondamentales des mesures et des poids. Sur la demande de
M. Delambre, le bureau des longitudes a nommé une
nouvelle commission pour recevoir et examiner les manuscrits qu'il avoit à déposer ; et ces écrits seront soigneusement conservés, avec les règles et autres instrumens qui
ont servi à la mesure de la terre.

On sent tous les jours combien ces precautions et ce
dépôt étoient nécessaires. Les astronomes qui ont publié
des ouvrages du même genre, ont dit au public ce qu'ils
ont voulu : personne n'a vu leurs manuscrits ; les toises
dont ils se sont servis ont disparu pour la plupart. On
possède, à la vérité, les toises du Pérou et du Nord qui
ont servi à étalonner les règles employées sur le terrain ;
mais où sont les règles elles-mêmes ? On a des raisons
de croire que la toise de Picard étoit de $\frac{1}{1000}$ plus courte
que la toise du Pérou ; mais la différence venoit-elle de la
toise même, ou du peu de soin à étalonner les règles, à les
tenir bien horizontales, à les coucher bien exactement dans
un même plan vertical, à observer et à calculer les dilatations ? Toutes ces questions demeureront éternellement
sans réponse. On n'en fera pas de pareilles aux auteurs
de la dernière mesure. Leurs registres permettront en tout

temps de discuter leurs observations de tout genre : l'instrument unique dont ils ont fait usage pour les angles
célestes et terrestres, n'a pas besoin de vérification, ou
du moins celles qu'il suppose sont du genre le plus simple ;
et s'il y avoit eu quelque erreur en ce point, les observations des diverses étoiles n'auroient pas manqué de la
déceler par leur peu d'accord, et cet accord est parfait.
Par la construction même de l'instrument, et par la manière
dont on s'en sert, on est à l'abri des négligences et des
erreurs de l'artiste : en supposant dans la division des
défauts qui n'y étoient pas, les astronomes n'en seroient
pas moins arrivés aux mêmes résultats, ou du moins les
différences auroient pu se négliger. Les règles qui ont servi
sur le terrain, resteront avec le modèle qui a servi à les
étalonner ; elles ont été soumises à des expériences délicates et répétées qui en ont fait connoître exactement la
dilatation pour une température donnée ; elles ont été pendant toute la mesure à l'abri des rayons directs du soleil.
Pour estimer le degré de chaleur auquel elles étoient soumises, on n'étoit pas contraint de consulter des thermomètres, qui ne l'auroient indiqué que d'une manière
imparfaite ou infidèle ; la règle elle - même étoit thermomètre, et manifestoit les moindres altérations qu'elle
pouvoit éprouver. Ces variations étoient continuellement
lues au microscope ; des moyens à-la-fois simples et ingénieux prévenoient tout dérangement dans les trois règles
qui restoient sur le terrain pendant qu'on transportoit et
qu'on replaçoit la quatrième. Toutes ces attentions qui
assuroient l'exactitude, multiplioient le travail au point
qu'on ne mesuroit qu'en sept semaines la même longueur

qui, par les pratiques anciennes, n'exigeoit pas douze heures ; mais l'observateur a été bien dédommagé quand il a vu l'accord de deux bases de plus de douze mille mètres chacune, et qui, quoique situées à sept cent mille mètres l'une de l'autre, n'ont cependant présenté qu'une différence d'environ 0^m.3.

Il reste à dire quel a été le résultat de tant de travaux, d'attentions, de fatigues et d'inventions nouvelles. La figure et la grandeur de la terre sont-elles enfin bien connues ? Oui, dans de certaines limites. A considérer la terre en masse, sa figure est celle d'un ellipsoïde, qui diffère trèspeu d'une sphère ; l'axe autour duquel elle fait sa révolution diurne, est de $\frac{1}{310}$ à fort peu près plus court que le diamètre de l'équateur : c'est ce qu'avoient indiqué déjà le pendule mesuré à diverses latitudes et le phénomène astronomique de la nutation. Cette connoissance, conjecturale jusqu'ici, ne peut plus laisser le moindre doute, aujourd'hui qu'elle est solidement établie sur une opération qui n'a jamais eu d'égale pour l'étendue, et à laquelle on en compte encore bien peu qui puissent être assimilées quant à l'exactitude. Cette figure elliptique, qui est sensiblement celle de la terre en grand, paroît n'être pas absolument régulière. Les quatre arcs partiels mesurés entre Dunkerque et Barcelone indiquent tous un aplatissement, de quelque manière qu'on les combine : mais cet aplatissement n'est pas tout-à-fait de la même quantité dans toute l'étendue de l'arc ; il est plus foible vers le nord, un peu moins vers le midi, et plus grand vers le milieu. Si l'arc s'étendoit également au nord et au sud du parallèle moyen de 45°, l'incertitude qui reste sur l'aplatissement, n'auroit aucune influence dans le calcul du quart du méridien ni dans la longueur du mètre. Suivant l'hypothèse que l'on préfère, il se trouve un peu au-dessous ou au-dessus de $443^{lig}.3$; mais la différence n'est que dans les centièmes de ligne, c'est-à-dire, insensible dans l'usage, et inférieure à celle qu'on trouve communément entre les meilleurs étalons d'une même mesure, tels que ceux qui étoient conservés en France dans les archives des tribunaux, ou ceux qui sont déposés, à Londres, à la Tour et à la cour de l'Échiquier : mais, quelque petite que soit l'erreur provenant de l'aplatissement, on a cependant fait tout ce qui étoit possible pour la diminuer. Il a été reconnu que les arcs nouvellement mesurés étoient trop voisins l'un de l'autre, et que les irrégularités locales qu'on ne peut s'empêcher de reconnoître, auroient une influence trop sensible dans le résultat : on a donc été chercher au loin celui de tous les arcs mesurés qui étoit le plus grand et le mieux déterminé. L'arc du Pérou réunissoit ces deux caractères ; il avoit été mesuré par les trois académiciens François, Godin, Bouguer et la Condamine, et par les officiers Espagnols George Juan et Ulloa. L'aplatissement qu'on en déduit a depuis été confirmé par l'opération que M. Svanberg vient d'exécuter au cercle polaire, dans le même climat où les académiciens François, Maupertuis, Camus, Clairaut et le Monnier, avoient trouvé un aplatissement bien plus considérable. Les détails publiés par M. Svanberg dans le bel ouvrage qu'il a récemment publié en françois sur sa mesure, ne laissent aucun lieu de douter qu'elle ne soit parfaitement exacte : ses triangles ont prouvé la bonté de la partie géodésique des académiciens François ;

Degré de Suède.

mais l'arc céleste diffère d'une quantité qu'on n'auroit pas crue possible, et dont on n'a pu encore se rendre raison. Les astronomes Suédois, pour plus d'exactitude, ont presque doublé l'étendue de l'arc ; ce qui est un mérite bien grand dans des climats si rigoureux : à cet égard, comme à beaucoup d'autres, il n'y a nulle comparaison entre leur mesure et celle de 1736 ; mais, n'ayant point fait leurs observations de latitude aux mêmes points, il reste un doute légitime et qu'on n'avoit pas su prévoir. La différence entre ces deux opérations pourroit venir en grande partie des irrégularités déjà soupçonnées dans la densité de la terre, et que Méchain a remarquées en Espagne. Les observations également précises, également inattaquables, que cet habile astronome a faites à Barcelone et à Montjouy, ont indiqué, dans un espace qui n'est pas de deux mille mètres, une irrégularité qui monte à-peu-près à cent : mais cent mètres répartis sur un arc de onze cent mille mètres ne produisent qu'un effet de bien peu d'importance, au lieu qu'une pareille anomalie produiroit une erreur sensible sur un arc qui n'est que de cent soixante-quinze mille mètres.

M. Mudge, qui vient de mesurer trois degrés dans la partie méridionale de l'Angleterre, qui s'est servi pour cette opération des mêmes moyens que le major général Roy, et qui de plus avoit pour l'arc céleste le plus magnifique et le plus parfait secteur qu'on ait jamais vu, instrument encore unique en son espèce ; M. Mudge, malgré tous ses soins et toutes ses attentions scrupuleuses et le grand nombre d'étoiles qu'il a observées, vient de trouver entre deux degrés consécutifs une irrégularité de deux cents

mètres :

mètres : en sorte que cette opération, qui s'est faite en
même temps que celle de Suède, est venue tout à propos
pour disculper les astronomes François qui, en 1736,
avoient donné à la terre un aplatissement presque double
de celui que tout indique ; et nous pouvons supposer qu'ils
ont eu le malheur de rencontrer dans leur petit arc, qui
n'étoit pas d'un degré, quelques-unes de ces irrégularités
énormes qui paroissent constatées en Espagne et en Angleterre.

Le nivellement, qui étoit une partie nécessaire du tra-   Nivellement.
vail de la méridienne, a constaté l'exactitude du cercle
répétiteur en cette partie comme en toutes les autres ; et
ces observations, calculées par les nouvelles formules de
M. Delambre, ont mené à ce résultat remarquable, que
la tour de Rodès est également élevée de sept cent deux
mètres au-dessus de l'Océan à Dunkerque et de la Méditerranée à Barcelone : d'où il suit que la hauteur d'environ
deux cents points qu'on a ainsi observés, est connue avec la
même exactitude, et qu'on en pourroit facilement déduire
l'élévation de tout autre point de la France au-dessus du
niveau des deux mers.

A l'occasion de l'opération de France, MM. Laplace
et Legendre ont employé leur savante analyse à chercher
l'explication des anomalies du méridien. Ils ont calculé
l'ellipse osculatrice qui satisferoit le mieux aux observations, et qui donneroit à l'arc du méridien une figure
régulière, en ne supposant dans les latitudes observées que
les plus petites erreurs possibles : mais, d'une part, l'aplatissement de cette ellipse ne s'accorde nullement avec
la figure générale de la terre, ni avec les phénomènes

Sciences mathématiques.   H astronomiques ; et de l'autre, ils ont trouvé qu'il falloit supposer aux observations, des erreurs triples de celles qu'on pourroit accorder : en sorte qu'on ne peut plus révoquer en doute que la terre n'ait dans sa figure des inégalités qui disparoissent dans l'ensemble, mais qui sont très-sensibles dans les détails ; et voilà pourquoi l'on avoit choisi, dès l'origine, le plus grand arc qu'il fût possible de mesurer sur aucun continent, et qu'on a saisi la possibilité inattendue de le prolonger encore de deux degrés vers le sud, en prenant pour terme une petite île au milieu de la Méditerranée. Outre la plus grande amplitude de l'arc, on gagne encore de se délivrer de cette anomalie remarquée entre Barcelone et Montjouy, qui faisoient alors l'extrémité australe des triangles.

En attendant le résultat de cette nouvelle opération, qui sera terminée en l'an 1808, et qui pourra bien apporter quelques changemens légers aux quantités adoptées, confirmer ou rectifier les idées sur la figure de la terre, nous devons dire que l'arc duquel on a déduit le mètre, augmenté de l'arc mesuré par le major général Roy entre Dunkerque et Londres, et conduit jusqu'à cet observatoire célèbre dont la latitude a été fixée par les observations et les calculs de Bradley, de Maskelyne et de Hornsby, a donné sensiblement le même résultat qu'on retrouveroit encore à fort peu près si on le prolongeoit jusqu'au terme des opérations de M. Mudge.

L'exécution de ces grands travaux géodésiques a donné une impulsion qui a valu à l'Angleterre les belles cartes de ses contrées méridionales, à la Suisse le canevas trigonométrique formé par M. Tralles et rempli par M. Weiss.

Nous avons déjà parlé de l'opération de Suède exécutée par M. Svanberg avec un cercle répétiteur construit à Paris, et avec des règles étalonnées sur un double mètre envoyé par l'Institut. M. de Zach a commencé aux environs de Gotha la mesure d'un degré et d'une grande base qui s'étend au nord et au sud de l'observatoire de Seeberg; il a étendu et perfectionné la méthode des signaux de feux pour déterminer les longitudes géographiques, d'après l'exemple que Cassini et Lacaille avoient donné vers 1740. On a vu une armée d'astronomes munis de chronomètres, de lunettes et de sextans, fixer dans un même instant la position géographique de tous les lieux d'où la poudre allumée sur une haute montagne pouvoit être aperçue et observée. M. Benzenberg suit cet exemple dans la levée de la carte topographique du grand duché de Berg. Les Italiens, avec un cercle que leur a cédé Méchain, ont mesuré un degré près de Milan ; les Portugais ont décrit leurs côtes ; l'Espagne a créé un corps d'ingénieurs-géographes. L'usage du cercle multiplicateur s'est étendu dans les pays étrangers ; et si cette ardeur générale se soutient et se propage, nous pourrons espérer de voir bientôt toute l'Europe couverte de triangles, et connue dans toutes ses parties avec une précision dont les anciens géographes ne pouvoient même se faire une idée.

En France, le dépôt formé depuis long-temps au ministère de la guerre, pour recueillir et classer les mémoires et les cartes militaires, a pris dans ces derniers temps, sous l'administration du feu général Calon et du général Andréossy, une direction du plus grand intérêt pour les sciences, et continue, sous l'inspection du général Sanson, à propager toutes les méthodes nouvelles qui peuvent servir à perfectionner la géographie et la topographie. Le service militaire et des travaux plus urgens ont fait suspendre la description de la perpendiculaire à la méridienne de Paris, commencée à Strasbourg par l'astronome Henri, pour traverser la France dans toute sa largeur. Déjà une base de vingt mille mètres avoit été mesurée avec les mêmes règles de platine qui ont servi pour les bases de Melun et de Perpignan ; de beaux et grands triangles avoient été mesurés avec précision ; et les savans font des vœux, qui ne seront pas vains, pour voir reprendre une opération essentiellement liée à celle qui nous a fait connoître douze degrés du méridien.

En terminant ce tableau de nos progrès en géodésie, rendons justice aux savans distingués qui ont fait autrefois des opérations du même genre. Les trois degrés du Pérou ont été jugés dignes d'être combinés avec les degrés de France, pour déterminer l'aplatissement. La méridienne vérifiée en 1739 par Cassini et Lacaille s'est trouvée plus exacte de beaucoup qu'on n'avoit cru possible avec les instrumens que l'on avoit alors. Leur arc entre Paris et Dunkerque ne diffère, ni sur terre, ni dans le ciel, de ce qu'on a trouvé avec le cercle répétiteur. La latitude de Paris est telle qu'elle a été fixée par Lacaille ; il en est de même des arcs entre Paris et Bourges, Paris et Carcassonne, Paris et Perpignan. L'arc terrestre entre Perpignan et Carcassonne est encore d'une grande exactitude ; et si une mauvaise base près de Rodès n'eût un peu altéré la bonté de l'arc terrestre entre le Cher et l'Aveyron, les

astronomes d'alors n'auroient presque rien laissé à faire à
leurs successeurs.

La réformation du système métrique, embrassant la
division du cercle, exigeoit de nouvelles tables trigonométriques. M. de Prony fut invité, en l'an 2, non-seulement à composer des tables qui ne laissassent rien à
desirer pour l'exactitude, mais à en faire le monument
de calcul le plus vaste et le plus imposant qui eût jamais
été exécuté ou même conçu ; il appliqua à l'exécution de
cette grande entreprise, suggérée par MM. Carnot, Prieur
et Brunet, et qui devoit être exécutée dans un temps assez
court, le principe de la division du travail, au moyen
duquel on obtient dans les arts la perfection de la main-
d'œuvre, avec l'économie des avances et du temps. Il avoit
partagé ses collaborateurs en trois sections, relatives aux
trois genres d'opérations dont se composoit la formation
des tables : il eut l'avantage d'associer pendant quelque
temps à sa vaste entreprise M. Legendre, qui, présidant
la section chargée de la partie analytique, imagina des
formules très-élégantes pour déterminer directement les
différences successives des sinus ; la seconde section calculoit directement les divers ordres de différences, au
moyen desquelles la troisième section remplissoit les intervalles des tables. Le manuscrit, dont il y a deux exemplaires non copiés l'un sur l'autre, mais calculés séparément,
et depuis collationnés avec soin, est composé de dix-sept
volumes grand *in-folio*, et comprend,

1.º Une introduction contenant les formules analytiques et l'usage des tables ;

2.º Dix mille sinus naturels à vingt-cinq décimales,

*Tables trigo-
nométriques.*

avec sept et huit colonnes de différences, pour être publiés
avec vingt-deux décimales et cinq colonnes de différences ;

3.º Les logarithmes de cent mille sinus à quatorze
décimales et cinq colonnes de différences ;

4.º Les logarithmes des rapports des cinq mille premiers
sinus à leurs arcs, à quatorze décimales ;

5.º Une table pareille pour les rapports des tangentes
aux mêmes arcs ;

6.º Les logarithmes de cent mille tangentes ;

7.º Les logarithmes des nombres, depuis un jusqu'à
cent mille à dix-neuf décimales, et de cent à deux cent mille
à vingt-quatre décimales, avec cinq colonnes de différences, pour être publiés avec douze décimales et cinq
colonnes de différences.

Borda, qui mettoit un intérêt égal à la détermination
et à la propagation des nouvelles mesures, conçut aussi,
de son côté, le projet de tables plus portatives. La mort
vint le frapper au moment où il consacroit une partie de
sa fortune pour assurer cette impression. M. Delambre
termina l'ouvrage, et mit dans le discours préliminaire
des formules nouvelles qui lui ont servi à vérifier les
points fondamentaux du travail de M. de Prony ; et cette
épreuve, qui pouvoit paroître inutile, a montré du moins
que ces méthodes sont égales pour la certitude et la facilité,
ainsi qu'on peut le voir dans les Mémoires de l'Institut.

Lorsque le système métrique décimal éprouvoit en
France une défaveur que les esprits aveuglés par la passion
cherchent à répandre indistinctement sur le bien comme
sur le mal qui appartient à une époque où tous les intérêts
ont été froissés, des savans étrangers lui rendoient un

hommage éclatant. Un journal Anglois, après avoir exposé tous les avantages de ce système, faisoit des vœux pour son admission dans son pays, et disoit, *Fas est et ab hoste doceri*. M. Svanberg exprimoit en mètres toutes les distances de ses triangles et la longueur du degré de Suède : il donnoit en degrés décimaux tous ses angles et l'amplitude de son arc céleste ; il engageoit les astronomes François à bannir entièrement de l'astronomie le calcul sexagésimal. MM. Hobert et Ideler construisoient à Berlin des tables trigonométriques très-recommandables par leur commodité, leur exactitude et leur briéveté.

Enfin M. Mendoza-Rios, auteur d'un mémoire et d'un traité très-étendu d'astronomie nautique, a su introduire avec avantage dans ses calculs l'usage des sinus verses, et former pour l'usage de la navigation un grand recueil de tables qui facilitent la détermination des latitudes et des longitudes, problèmes essentiels qu'il a réduits à leurs moindres termes.

M. Véga reproduisoit en même temps les anciennes tables avec des augmentations ; et dans une édition plus portative, il donnoit le recueil des formules algébriques, trigonométriques, différentielles et intégrales. Ces dernières tables ne sont peut-être encore qu'un essai ; mais il mérite d'être perfectionné : car la multiplicité des formules dont on a fréquemment besoin, qu'il est impossible de se rappeler, qu'on ne trouve qu'à peine dans les traités où elles sont éparses, est telle, qu'il devient chaque jour plus nécessaire de les rassembler ; et le recueil qui les embrasseroit toutes et les classeroit dans un ordre bien saillant et bien méthodique, ne seroit pas sans une espèce de mérite, sans compter même celui d'une très-grande utilité.

En Angleterre, Taylor a publié des tables de sinus et de tangentes pour toutes les secondes du quart de cercle : long-temps auparavant des François avoient exécuté ce grand travail, et même d'une manière plus complète. Il existe dans la bibliothèque de M. Lalande (et à présent dans celle de M. Delambre) un manuscrit qui contient les sinus et les tangentes de Taylor dans toute leur étendue, sans aucune de ces abréviations qui diminuent un peu le mérite de l'édition Angloise ; et pour les logarithmes des nombres, le manuscrit de M. Lalande en contient cent cinquante mille de plus qu'aucune des tables publiées jusqu'ici. Un curé de campagne, nommé Robert, et un commis de la marine, nommé Cartaud, avoient employé leurs loisirs à construire ces deux monumens, qui probablement ne verront jamais le jour.

Pour la facilité réunie à l'étendue et pour la correction, rien jusqu'ici n'est comparable aux logarithmes stéréotypes de Callet et Didot. Quelques savans dont le suffrage est d'un grand poids, préfèrent encore la première édition non stéréotype de ces tables. Mais, en cette matière, c'est moins l'homme de génie que le simple calculateur qu'il faut consulter ; et tant que la division sexagésimale subsistera pour le tourment des astronomes, qui pourtant répugnent à y renoncer, l'édition stéréotype de Callet et Didot sera seule employée par eux.

ALGÈBRE.   EN 1789, la résolution générale des équations étoit complétement analysée dans deux mémoires de M. Lagrange
(Berlin ,

(Berlin, 1771 et 1772) ; la difficulté, réduite a ses moindres termes, laissoit peu d'espoir et de succès.

Depuis ces ouvrages, qui avoient été préparés par ceux de Bezout, d'Euler, de Waring et de Vandermonde, la science avoit peu gagné dans les années suivantes, lorsque les cours de mathématiques faits en 1794 à l'École normale, par MM. Lagrange et Laplace, donnèrent à ces grands géomètres l'occasion de reprendre, d'enrichir et de démontrer avec plus de clarté les théories éparses dans les recueils académiques. M. Lagrange donna l'analyse du cas irréductible ; et M. Laplace, la démonstration complète du théorème de d'Alembert sur les racines imaginaires des équations.

En reproduisant avec des augmentations considérables les anciennes recherches sur la résolution générale des équations littérales de tous les degrés, et plus convaincu que jamais de l'excessive difficulté du problème, M. Lagrange chercha du moins à donner des méthodes plus sûres et plus générales pour la résolution des équations numériques. Il analysa les méthodes connues, en démontra l'incertitude ou l'insuffisance ; et par des moyens ingénieux, quoiqu'un peu longs quelquefois dans la pratique, il réduisit le problème à la détermination d'une quantité plus petite que la plus petite différence des racines.

Les savantes recherches de M. Lagrange avoient ramené sur ce point l'attention des géomètres. M. Paolo Ruffini s'attacha à prouver directement l'impossibilité d'une solution générale du problème pour les quantités littérales ; et revenant de nouveau sur ce sujet dans le tome IX de la Société Italienne, il entreprit de déterminer les cas où l'équation peut s'abaisser à un degré qui facilite la solution, et de donner les moyens pratiques pour effectuer l'abaissement quand il est possible : mais ces moyens, fondés sur une analyse difficile, ne sont pas de nature à entrer dans les ouvrages destinés à l'instruction première ; et M. Lagrange avoit témoigné le desir qu'on pût trouver, au moins par les équations numériques, des procédés assez simples pour entrer dans les livres élémentaires d'arithmétique, dût-on en supprimer la démonstration, qui seroit renvoyée aux traités d'algèbre. C'est sous ce point de vue que la question a été envisagée par M. Budan, qui est parvenu à réduire la solution à une suite de transformées dont tous les coefficiens s'obtiennent par la simple addition, en s'aidant de la multiplication des racines par un nombre donné, qu'on choisit, pour plus de facilité, parmi les puissances de dix ; en sorte que sa méthode, qui, pour la facilité, ne laisse rien à desirer, est peut-être aussi la moins incomplète qu'il soit possible d'obtenir. C'est du moins le sentiment manifesté par M. Lagrange, qui, plus que personne, a le droit d'avoir un avis sur ce point si difficile et si épineux.

Les difficultés analytiques qui ont tant exercé les géomètres, ne sont pourtant pas encore les seules dont ce problème est comme hérissé de toutes parts.

Quand une équation est d'un degré élevé et que l'on a toutes ses racines réelles, ce n'est pas tout encore que de connoître ces racines ; il reste à faire le choix convenable à la question particulière qui a donné l'équation. Tous les auteurs ont supposé des coefficiens fort simples et en nombres entiers ; ils les ont supposés rigoureusement exacts : mais, dans la pratique, ces coefficiens sont fournis par des observations ou des expériences qui ont un degré sensible d'imperfection ; et rien ne démontre jusqu'ici que les erreurs des données ne puissent altérer les solutions au point de les rendre absolument inutiles. Aussi voit-on que, pour la théorie des comètes, les plus grands analystes, désespérant d'une solution commode, ont eu recours aux voies d'approximation et à celle des équations de condition, qui ne donnent jamais que des solutions indirectes, mais beaucoup plus courtes et plus faciles, et qu'on amène, par des essais réitérés, au degré d'exactitude que comportent les observations.

En cherchant inutilement la résolution générale des *Équations à deux termes.* équations algébriques, on avoit remarqué certaines classes d'équations dont les racines, susceptibles d'être exprimées par un petit nombre de radicaux de forme donnée, sembloient constituer un genre d'irrationnelles intermédiaires entre les racines incommensurables des nombres qui ne sont pas des puissances parfaites, et les racines des équations qui ne sont susceptibles d'aucun abaissement. Au moyen des équations réciproques, on étoit parvenu à déterminer, jusqu'au dixième degré inclusivement, les racines imaginaires de l'unité ; mais, au-delà de ce degré, la résolution des équations à deux termes surpassoit les forces de l'analyse. M. Gauss, géomètre et astronome de Brunswick, dans un ouvrage très-remarquable, qui se rapporte principalement à l'analyse indéterminée, a fait connoître, pour ces équations, un caractère d'abaissement qu'on étoit loin de soupçonner. Il consiste en ce que *celles dont le degré est exprimé par un nombre premier,* peuvent

se décomposer rationnellement en d'autres dont les expo-
sans soient respectivement les facteurs premiers du nombre
qui précède d'une unité ce nombre premier.

Cette importante et singulière découverte parvint en
France par une lettre adressée à M. Legendre, qui donna
de ce théorème une démonstration particulière à l'équation
$x^{17} - 1 = 0$, et fondée sur la sommation des cosinus
des arcs en progression arithmétique.

La résolution de cette équation se trouve dépendre
par-là de quatre équations du second degré ; en sorte qu'on
peut, avec la règle et le compas, partager la circonférence
du cercle en dix-sept parties égales.

Le théorème général de M. Gauss ramène aussi à des
équations du second degré toutes les équations de la forme
$(x^{2n+1} - 1) = 0$, $2n + 1$ formant un nombre
premier.

La considération des fonctions symétriques des racines
offre le moyen le plus fécond pour traiter la résolution
des équations ; et le théorème de Newton, sur la sommation des puissances semblables des racines, sert de base
à cette théorie. Il étoit donc important de démontrer ce
théorème d'une manière qui fût indépendante des séries ;
et c'est ce qu'a fait M. Lacroix dans son grand Traité du
calcul différentiel et intégral et dans ses Traités d'algèbre,
ouvrages qui ont opéré une révolution heureuse dans l'enseignement, et ont mérité d'être adoptés pour les lycées
et l'École polytechnique.

Par zèle pour la gloire littéraire de son pays, M. Pietro
Cossali a composé une histoire de l'origine de l'algèbre,
de sa translation et de ses progrès en Italie, où il relève

plusieurs méprises échappées à Montucla, et revendique en faveur des premiers analystes Italiens, des découvertes qu'on ne leur accorde pas communément. Cette partie de son ouvrage ne peut, jusqu'à un certain point, intéresser que ses compatriotes ; mais une obligation plus essentielle que partageront les géomètres de toutes les nations, c'est le soin qu'a pris M. Cossali de traduire dans la langue moderne de l'analyse une multitude de détails curieux, que la difficulté de se procurer les écrits originaux, et sur-tout celle de les entendre, alloient ensevelir dans l'oubli. En effet, les changemens apportés par le temps et par les nouvelles méthodes. ont introduit dans le langage et l'écriture algébriques des variations telles, que la lecture des premiers ouvrages en ce genre offre aujourd'hui des difficultés comparables à celles que trouveroit à lire Villon et nos vieux romanciers, un littérateur accoutumé au style de Pascal et de Racine.

CETTE branche des mathématiques, dont les anciens se sont occupés, ainsi que le prouvent le xe livre d'Euclide et l'ouvrage de Diophante, a intéressé les plus grands géomètres des deux siècles précédens. Fermat s'en est beaucoup occupé, et l'a enrichie d'un grand nombre de résultats, sans laisser aucune trace de la voie qui l'y avoit conduit. Euler et M. Lagrange y ont suppléé par des moyens qui probablement ne sont pas ceux de l'inventeur, mais qui sont devenus féconds entre des mains si habiles ; ils ont fait descendre dans les élémens une grande partie de ce qui concerne la résolution des équations à deux indéterminées du second degré : mais les démonstrations des

ANALYSE IN-
DÉTERMINÉE.

théorèmes concernant les propriétés des nombres étoient demeurées dans les Mémoires académiques. M. Legendre, qui avoit, en 1785, augmenté cette partie de l'analyse de plusieurs propositions importantes, tant par rapport à la résolution des équations indéterminées que par rapport à la théorie des nombres, publia en 1798 un traité où la matière, prise à son origine, a reçu des accroissemens remarquables dans toutes ses divisions, et qui renferme des recherches très-profondes sur les conditions relatives à la décomposition des nombres en trois carrés, pour arriver à la démonstration de cette proposition de Fermat, que tout nombre ne peut être composé que d'un, deux ou tout au plus trois nombres triangulaires ; ce qui n'avoit pas encore été prouvé.

M. Frédéric Gauss, dans l'ouvrage déjà cité, a donné une forme nouvelle à la recherche des propriétés des nombres, en considérant, sous le nom de *congruence*, la relation qui lie entre eux tous les nombres qui laissent le même reste, lorsqu'on les divise par un nombre donné. Il établit aussi sur ce modèle des congruences du second degré ; il rattache à ses principes toute l'analyse indéterminée. Cette analyse se composant d'un grand nombre de propositions isolées et assujetties à des limitations particulières, il seroit difficile d'entrer ici dans le détail des résultats nouveaux annoncés dans l'ouvrage de M. Gauss, où l'on trouve aussi une démonstration du théorème de Fermat concernant les nombres triangulaires. Sur l'invitation de M. Laplace, M. Poulet de l'Isle, ancien élève de l'École polytechnique, a traduit en françois les *Disquisitiones arithmeticæ* de M. Gauss, et mis à portée d'un plus grand nombre de lecteurs l'un des traités les plus marquans d'analyse pure.

La théorie des fractions continues, offrant des moyens de présenter la même grandeur sous un très-grand nombre de formes, tient en quelque sorte à l'analyse indéterminée, à laquelle MM. Lagrange et Legendre l'ont si heureusement appliquée ; et c'est ici le lieu de parler de l'Essai d'analyse numérique sur les transformations des fractions, publié par M. Lagrange dans le 5.ᵉ cahier du Journal de l'École polytechnique.

Le problème de la transformation des fractions y est envisagé d'une manière générale, qui fait découler des mêmes principes la théorie des fractions décimales, celle de leurs analogues dans un système de numération quelconque, celle d'une espèce de fractions convergentes proposée par Lambert, et enfin celle des fractions continues.

ON ne sépare point ici ces deux calculs, parce que, reposant sur une manière particulière d'envisager la formation des grandeurs, et constituant une espèce d'analyse essentiellement distincte de l'analyse ordinaire, leurs progrès ont été presque toujours simultanés. Inventés dans le même temps par Newton et Leibnitz, développés et considérablement enrichis par les Bernoulli, ils furent réunis pour la première fois en corps d'ouvrage, lorsque M. Bougainville publia son Traité de calcul intégral, faisant suite à l'Analyse des infiniment petits de l'Hôpital ; et bientôt après parurent les Traités de calculs différentiel et intégral d'Euler, qui, précédés de son Introduction à l'analyse de l'infini, formoient sur l'analyse transcendante

CALCUL DIFFÉRENTIEL ET INTÉGRAL.

le tout le plus complet, et celui qui présentoit le mieux l'état des connoissances dans cette partie de la science mathématique.

Mais la rapidité de la marche de l'analyse pendant la dernière moitié du siècle passé fit desirer, avant qu'il fût tout-à-fait écoulé, que ces beaux ouvrages, toujours précieux par leur étendue, leur clarté, et le choix des exemples, fussent enrichis de nouvelles découvertes devenues assez importantes pour y mériter une place : on auroit voulu y trouver aussi une discussion plus approfondie sur les principes du calcul, ou une métaphysique plus rigoureuse.

D'Alembert, en appropriant à l'analyse moderne, sous le nom de *théories des limites*, les considérations dont les anciens s'étoient servis pour éviter celle de l'infini dans le passage du commensurable à l'incommensurable et dans la mesure des courbes, avoit fourni le moyen de perfectionner, sous le rapport de la métaphysique, les ouvrages où l'on paroissoit s'être plus occupé de rassembler les résultats connus et d'en accumuler de nouveaux, que de combler l'intervalle qui séparoit de l'algèbre ordinaire l'analyse des infiniment petits.

Feu Cousin fonda, sur la théorie des limites, un Traité dont la seconde édition parut en 1796. L'ouvrage, remarquable d'abord par le grand nombre de choses que l'auteur avoit réunies dans un petit espace, laissoit à desirer un ordre plus sévère et quelques développemens indispensables à la clarté de l'exposition. On devoit s'attendre qu'en le réimprimant il feroit disparoître ces défauts faciles à corriger, et y inséreroit au moins l'indication des progrès

que

que l'analyse avoit faits dans les vingt ans écoulés entre les deux éditions ; mais, compris dans les proscriptions qui, sous le régime de la terreur, pensèrent anéantir les savans pour faire disparoître les sciences, Cousin revit son ouvrage dans le tumulte des prisons, et près de monter à l'échafaud. C'est sans doute une grande marque de courage personnel dans ce savant recommandable, que d'avoir pu s'occuper de pareils objets dans l'attente journalière de la mort, et au milieu des adieux si répétés et si touchans de ses compagnons d'infortune.

Le même exemple de fermeté fut donné, à-peu-près dans le même temps, par un autre géomètre distingué ; car on sait à quelle époque Condorcet écrivit son Arithmétique , ouvrage très - nouveau pour la forme , et son Esquisse des progrès de l'esprit humain, qui montre que les scènes horribles dont il fut le témoin et la victime, n'avoient pu lui faire abandonner l'espérance, ou peut-être l'illusion chère à tout cœur honnête, que rien ne peut limiter la propagation des lumières , et les moyens de bonheur qu'elles doivent *un jour* procurer aux hommes.

Le degré de perfection qui manque à l'ouvrage de Cousin, se trouve dans le second volume des Élémens d'algèbre publiés en 1793 par M. Paoli, professeur à Pise , et l'un des hommes les plus distingués parmi ceux qui cultivent les mathématiques en Italie.

Cet excellent abrégé de calcul différentiel et intégral présente, dans un ordre bien méthodique, très-souvent la substance et presque toujours l'indication des méthodes les plus récentes alors ; et le troisième volume, publié en 1804 avec un mérite semblable , se recommande encore par les recherches particulières de l'auteur sur divers points importans d'analyse transcendante.

Le Cours de mathématiques que M. Bossut substitua très-heureusement pour la science à celui de Camus, avoit reçu des augmentations considérables dans les nombreuses éditions que l'auteur en a faites ; mais il y manquoit un calcul différentiel et intégral qui pût servir d'introduction au Traité d'hydrodynamique du même auteur, considérablement augmenté dans les dernières éditions. M. Bossut a saisi cette occasion pour réunir et présenter sous une forme méthodique tout ce qui, dans l'analyse transcendante, lui a paru susceptible d'application ; et comme il écrivoit principalement pour un genre de lecteurs qui n'ont qu'un temps limité à donner à l'étude des mathématiques, il a multiplié les exemples, pour graver plus profondément dans la mémoire, des préceptes dont l'usage peut être très-éloigné.

Dans les préfaces qu'il a mises à tous ses ouvrages, et spécialement au Dictionnaire mathématique de l'Encyclopédie méthodique, M. Bossut avoit toujours eu le soin d'exposer l'histoire de la science et de ses progrès ; il a depuis rassemblé ces matériaux précieux dans l'Essai qu'il a publié en 1802 sur l'histoire des mathématiques. Cet ouvrage ne parle encore d'aucun auteur vivant ; mais on sait que l'auteur en prépare une suite qui est vivement desirée.

Montucla s'étoit rendu célèbre par une Histoire des mathématiques, qui se terminoit à la fin du dix-septième siècle ; des occupations d'un autre genre l'empêchèrent long-temps d'en donner la continuation, qu'il n'a pu

composer que dans un âge avancé. Sa main défaillante
n'a pu nous laisser qu'une esquisse imparfaite : mais la
candeur avec laquelle il en parle, et la difficulté de l'entreprise, doivent désarmer la critique ; il n'eut pas même
la satisfaction de voir les derniers volumes, qui n'ont
paru qu'après sa mort, et dont Lalande avoit rempli les
lacunes.

Lorsqu'une science commence à se développer, les
esprits, entraînés d'abord par la rapidité avec laquelle se
succèdent les résultats nouveaux, dont la vérité se cons-
tate soit par leurs applications, soit par leurs rappro-
chemens, craindroient avec raison de passer à examiner
à fond les principes, un temps qui peut être employé plus
utilement à augmenter la masse des propositions ; mais,
quand les progrès viennent à se ralentir, l'activité de la
pensée, ne trouvant plus à se repaître d'objets nouveaux,
se reporte en arrière pour passer en revue, jusque dans
les plus petits détails, tous les matériaux qui ont servi
à élever l'édifice. Les inventeurs du calcul différentiel, et
ceux qui leur ont succédé immédiatement, semblent avoir
donné peu d'attention à la métaphysique de ce calcul ;
mais elle a de nos jours occupé plusieurs géomètres distingués, qui, par ces recherches, ont répandu plus de clarté
sur le fond des méthodes et sur leurs applications.

C'est dans cette vue que l'Académie de Berlin avoit,
en 1786, proposé un prix sur le développement de la
métaphysique du calcul infinitésimal. M. Lhuilier, qui
avoit remporté le prix, a considérablement augmenté son
mémoire, qu'il a publié en 1795, sous le titre de *Prin-
cipiorum calculi differentialis et integralis expositio elementaris.*

Toutes les circonstances de ces calculs y sont ramenées, avec beaucoup de rigueur, à la considération des limites ; et il a déduit des mêmes principes la décomposition en facteurs de la somme ou de la différence de deux quantités exponentielles. Dans l'un des derniers volumes des Transactions philosophiques, il s'est occupé de nouveau des développemens des fonctions circulaires et logarithmiques en séries.

Il a paru aussi en 1797 un écrit de M. Carnot, où la métaphysique du calcul infinitésimal est présentée d'une manière neuve, ingénieuse et concise.

Dans un mémoire publié dans le volume de l'Académie de Berlin pour 1772, M. Lagrange donnoit au calcul infinitésimal une origine purement analytique, à-la-fois simple et rigoureuse, reposant sur les formes du développement des fonctions en séries, et assez analogue à la manière dont Newton présenta, dans le livre des Principes, sa méthode des fluxions.

Le desir de populariser des considérations si élégantes, de rapprocher sous un même point de vue, et de réduire, pour ainsi dire, à la même échelle, tous les procédés dont l'analyse transcendante s'étoit enrichie depuis la publication des Traités généraux d'Euler, donna naissance à un Traité de calcul différentiel et intégral, médité pendant long-temps, et dont le premier volume parut en 1797 : il étoit précédé d'une introduction, dans laquelle le développement en séries des fonctions exponentielles, logarithmiques et circulaires, est déduit de considérations entièrement indépendantes des notions d'infini, de limites, et par le moyen d'un calcul simple, effectué sur les indices des coefficiens à déterminer. L'auteur, M. Lacroix, est parvenu à vérifier toutes les équations de condition, dont on se débarrassoit ordinairement en assignant des valeurs particulières aux variables introduites dans le calcul.

Il applique ensuite, avec le même succès, les mêmes principes au théorème de Taylor, qui forme la base du calcul différentiel, et qui lui sert d'introduction lorsqu'on veut le traiter suivant la manière indiquée par M. Lagrange.

Il assujettit à un enchaînement méthodique les divers résultats ou procédés analytiques épars dans les collections académiques ; il ramène à des formes purement analytiques l'espèce d'intégration des équations différentielles à trois variables, qui ne satisfont pas aux conditions d'intégrabilité que M. Monge avoit déduites de la considération des courbes à double courbure et des surfaces, et rend évidente la liaison de ces intégrales avec la théorie générale des intégrales et des solutions particulières que M. Lagrange a fait connoître le premier dans les Mémoires de Berlin pour 1774 ; et il rapproche cette théorie d'une classe de questions dont Euler a parlé sous le titre de *Calcul intégral indéterminé.*

C'est à ce genre de questions que se rapportent le problème de la voûte carrable proposée par Viviani, et un théorème nouveau du même genre, démontré par M. Bossut dans les Mémoires de l'Institut, an 4, auquel M. Fuss, dans le tome XIV des nouveaux Mémoires de Pétersbourg, en a ajouté un grand nombre sur le même sujet.

Entre les diverses parties du calcul intégral qui ont reçu des augmentations notables depuis 1789, on remarquera

l'intégration de la différentielle, contenant un radical carré
où la variable s'élève jusqu'au quatrième degré, et sur
laquelle M. Legendre, en 1793, a publié un mémoire
qui renferme ce qu'on en savoit alors de plus important,
et dans lequel il donne de nouvelles méthodes pour faciliter
le calcul de ces transcendantes qu'il désigne sous le nom
général de *transcendantes elliptiques ;* il y prépare la formation de tables dont l'usage seroit, par rapport à ces
quantités, le même que celui des tables logarithmiques
et trigonométriques à l'égard des fonctions exponentielles
et circulaires.

Le même géomètre a donné, dans les Mémoires de
l'Académie pour 1790, une simplicité et une extension
considérable à la recherche des solutions particulières des
équations différentielles ; et cette matière paroît désormais
épuisée par les détails importans et nombreux publiés par
M. Poisson dans le Journal de l'École polytechnique,
dans lequel on trouve cette remarque très-curieuse, que
toute équation différentielle qui admet une solution particulière, peut être préparée de manière que cette solution
en devienne un facteur.

M. Trembley a montré l'usage qu'on peut faire des
solutions particulières, en les combinant par voie de multiplication pour en déduire les intégrales complètes, et
enseigné plusieurs procédés pour obtenir du simple développement en séries les solutions particulières d'un grand
nombre d'équations différentielles : on lui doit encore
un grand travail sur l'intégration spéciale de plusieurs
classes très-étendues d'équations différentielles partielles.
M. de Niewport s'est occupé de ces recherches pénibles

et nécessitées par les restrictions malheureusement trop nombreuses qu'on rencontre dans les formes assignées aux équations des différentielles partielles.

Cette théorie difficile a donné lieu à plusieurs mémoires de MM. Paoli, Biot, Brisson et Poisson.

Euler n'avoit obtenu que par des hypothèses particulières l'équation générale du mouvement des surfaces vibrantes : M. Biot a su la tirer du principe des vîtesses virtuelles ; il la développe en une série, de laquelle il déduit quelques-unes des circonstances du mouvement des plaques vibrantes entre des limites fixes : il prouve que, lorsqu'elles sont rectangulaires, elles peuvent, dans leurs vibrations, se partager en quatre rectangles égaux ; ce qui s'accorde avec une des expériences de M. Chladny.

Il y avoit, dans ce calcul aux différences partielles, à terminer une discussion établie entre Euler et d'Alembert, sur la généralité que comportent les fonctions arbitraires introduites dans les intégrales. Le prix proposé sur ce sujet en 1790, par l'Académie de Pétersbourg, fut remporté par Arbogast, qui fortifia par de nouvelles preuves l'opinion d'Euler sur la discontinuité absolue de ces fonctions.

Il étoit, sans doute, bien à desirer que l'auteur des mémoires de 1772, sur la nouvelle manière d'envisager le calcul différentiel et intégral, prît le soin de développer lui-même les principes féconds de sa méthode : l'École normale fut la première cause des avantages que la science a recueillis sous ce rapport. Renfermé constamment dans les travaux du cabinet depuis son entrée dans la carrière des mathématiques, qu'il a parcourue avec un si grand éclat,

M. Lagrange sembloit ne se livrer qu'avec répugnance aux fonctions de l'enseignement ; mais, lorsqu'il céda aux vœux du Gouvernement, et aux souhaits que formoient les élèves et les instituteurs de l'entendre à l'École normale et à l'École polytechnique, il choisit pour sujet de son cours l'exposition des principes du calcul différentiel et intégral, tirée du développement des fonctions. Ceux qui ont été à portée de suivre ces intéressantes leçons, ont eu le plaisir de le voir créer, sous les yeux des auditeurs, presque toutes les parties de sa théorie, et conserveront précieusement diverses variantes que recueillera l'histoire de la science, comme des exemples de la marche que suit dans l'analyse le génie de l'invention.

Le cours fini, M. Lagrange en rassembla les matériaux, les perfectionna, et il en forma le Traité des fonctions analytiques, trop généralement répandu pour qu'il soit nécessaire d'entrer dans le détail des objets qu'il contient. D'autres écrits parvenus à la connoissance de l'Institut ont également pour but de perfectionner la métaphysique du calcul différentiel : de ce nombre sont deux mémoires de M. Gruson, et les Élémens d'analyse de M. Pasquich.

En revenant de nouveau sur la théorie des fonctions analytiques, M. Lagrange a donné, dans le dixième volume de la nouvelle édition des Leçons de l'École normale, des remarques importantes sur plusieurs points épineux du calcul intégral : il s'est beaucoup étendu sur les solutions particulières qu'il nomme *équations primitives singulières ;* il donne les moyens de déduire ces équations, soit des équations dérivées (ou différentielles), soit des équations primitives (ou intégrales complètes); il enseigne à trouver

autant

autant de solutions qu'on voudra du problème inverse, c'est-à-dire, à déterminer les équations dérivées qui ont des équations primitives singulières données.

Il s'est attaché, dans le même ouvrage, à discuter une espèce de paradoxe que présente l'intégration des équations différentielles partielles du premier ordre à trois variables, et où les coefficiens différentiels passent le premier degré.

La théorie des sections angulaires, cultivée dès le temps de Viete, et si considérablement accrue par Euler, est présentée avec une grande simplicité dans le dernier ouvrage de M. Lagrange : on y trouve une démonstration analytique très-courte et très-élégante du théorème de Cotes, indépendante de la considération des imaginaires, et un rapprochement très-complet des diverses formules qui servent à développer les puissances des sinus et des cosinus des arcs multiples, et réciproquement. La concordance de ces formules dans les différentes sortes de valeurs qu'on peut donner à l'exposant de la puissance du sinus et du cosinus, au degré de multiplicité de l'arc (concordance dont Euler et Fuss s'étoient successivement occupés), est établie par M. Lagrange sur des procédés très-simples et très-évidens ; et il montre ensuite les vrais rapports qui lient le calcul aux différences finies avec le calcul différentiel, et la place qu'il doit tenir dans l'analyse.

Pour ramener la méthode des variations à la métaphysique des fonctions dérivées, M. Lagrange traduit, dans l'algorithme qu'il a imaginé pour ces fonctions, l'idée qu'avoit eue Euler, dans ses dernières années, de regarder les quantités soumises aux variations comme des fonctions déterminées d'une variable implicite, et les variations elles-mêmes comme des différentielles prises par rapport à cette variable. Par cette voie, M. Lagrange développe dans le plus grand détail les propriétés que fournit la méthode des variations, pour déterminer les formes qui sont des intégrales complètes ou des *maxima* et des *minima*.

Il fait un examen approfondi des méthodes employées par les Bernoulli et Euler pour le problème des isopérimètres, qui l'a conduit à celle des variations. L'avantage propre à cette dernière est de faire découler du seul calcul tant les équations d'où dépend la forme des fonctions, que celles qui déterminent par la variation des valeurs relatives celle des limites des intégrales, et les conditions auxquelles doivent satisfaire les constantes pour parvenir à un *maximum* ou un *minimum* absolu ; équations dont Euler n'a jamais pu se faire une idée nette, et qui sont, en effet, le point le plus délicat de la théorie des variations.

M. Poisson a donc fait une remarque intéressante, en montrant qu'on peut déduire ces équations de la recherche du *maximum* auquel donne lieu la valeur des constantes arbitraires. C'étoit ainsi que Jean Bernoulli en avoit usé dans plusieurs problèmes, mais en se servant de l'intégrale de la fonction proposée, ce qui rend ce procédé particulier ; tandis qu'aidé de la différenciation sous le signe intégral, M. Poisson parvient, sans rien supposer, à des formules générales, qui sont les équations déterminées résultant de la méthode des variations.

DIFFÉRENCES
FINIES,
ET SÉRIES.

La convenance qu'il y avoit à séparer des premiers principes du calcul différentiel le calcul aux différences, afin de ne pas le morceler et de n'en faire qu'un seul corps avec la doctrine des séries, résulte bien nécessairement des Mémoires de 1772 sur l'origine du calcul différentiel et intégral ; elle fut saisie par M. Lacroix, qui rassembla dans un seul volume, sous le titre de *Traité des différences et des séries,* tout ce qui concernoit ces deux branches de l'analyse, et quelques méthodes, pour ainsi dire anomales, qu'on ne pouvoit que difficilement rapporter aux procédés d'intégration déduits du renversement de la différenciation.

C'est le premier ouvrage dans lequel on trouve toutes les méthodes relatives aux séries réunies en un seul corps de doctrine et liées entre elles. L'auteur y a présenté de la manière la plus générale l'interpolation des séries, dont il a rapporté les diverses formules, tant anciennement connues que récemment publiées dans les leçons que M. de Prony a données à l'École polytechnique sur le calcul des différences ; les divers procédés pour intégrer les équations aux différences, et pour obtenir le terme général des séries récurrentes ; l'usage des intégrales définies dans la sommation des séries, et pour l'intégration des équations différentielles et différentielles partielles. Il rend compte du procédé de M. Parseval ; il y donne, avec beaucoup de détails, la théorie des intégrales directes ou indirectes des équations aux différences. En remarquant ces dernières, et poussant trop loin les conséquences de l'analogie qu'elles ont avec les solutions particulières de l'équation différentielle, feu Charles tomba dans des paradoxes très-singuliers, que M. Biot a éclaircis dans le Journal de l'École polytechnique. M. Poisson, ayant ensuite

considéré ce sujet sous un point de vue purement analytique, a donné une explication très-simple et très-générale
de la nature et de la multiplicité des intégrales dont une
équation aux différences est susceptible.

MM. Laplace et Condorcet avoient imaginé de considérer des équations contenant à-la-fois des coefficiens
différentiels et des différences. M. Lacroix les a fait connoître, sous le nom d'*équations aux différences mêlées*, dans
son Traité des séries, où il a inséré l'extrait d'un mémoire
de M. Biot dans lequel on trouve quelques principes
généraux sur la nature des intégrales aux différences
mêlées, et, en outre, la solution de plusieurs questions
géométriques déja résolues par Euler, *De insigni pro-
motione methodi tangentium inversæ*, mais qui se rapportent
plus naturellement aux différences mêlées, dont la nature
est d'exprimer les propriétés des courbes qui établissent en
même temps des relations entre plusieurs points infiniment
voisins et entre des points placés à des distances finies.

M. Poisson a poussé plus loin la théorie de ce genre
d'équations, en y appliquant la méthode dont M. Laplace
s'est servi en 1773 pour intégrer les équations (linéaires)
du premier degré aux différences partielles; méthode qui
dépend elle-même d'une équation aux différences mêlées
remarquée par M. Parseval, qui en a donné le développement.

M. Poisson s'occupe de la forme de ces équations aux
différences mêlées dans deux hypothèses très-étendues,
mais pour les fonctions d'une seule variable; et M. Paoli a
considéré très en détail, dans les Mémoires de la Société
Italienne, les quantités relatives aux fonctions de deux

variables, c'est-à-dire, contenant des différences et des différentielles partielles.

La formule du retour des suites, due à Newton, très-aisée à obtenir terme à terme, ne présentant pas une loi facile à saisir, les analystes ont cherché à en construire d'autres plus commodes pour l'application, sur-tout depuis le théorème élégant donné par M. Lagrange dans son Mémoire sur la résolution en séries des équations littérales.

Le tome IV de la Société Italienne contient sur cette matière un mémoire très-étendu où M. Paoli donne plusieurs formules nouvelles, et en a démontré une que M. Laplace n'avoit fait qu'indiquer en 1777. On trouve dans le premier volume des Mémoires de l'Institut un rapport de MM. Lagrange et Legendre sur un mémoire de M. Burmann, qui contient des formules de ce genre, avec une expression très-remarquable de l'intégrale $\Sigma^f y \Delta x^s$.

Ce sujet est très-étroitement lié avec le développement de la puissance quelconque d'un polynome quelconque ordonné suivant les puissances d'une variable.

Par une simple différenciation logarithmique, Euler est parvenu aux relations qu'ont entre eux les termes consécutifs de ce développement : mais on ne peut par ce moyen en déterminer un qu'après avoir calculé ou éliminé tous ceux qui le précèdent ; en sorte qu'on ne possède pas la loi générale de leur formation, comme on a celle des coefficiens de la formule du binome.

Depuis quelques années, les géomètres Allemands se sont occupés très-fortement de cette recherche. En remontant directement aux procédés de la multiplication algébrique, ils ont établi, sur les indices qui marquent le rang des différens termes du polynome, un calcul qu'ils appellent *analyse combinatoire*, de laquelle ils déduisent des règles faciles pour former, soit médiatement, soit immédiatement, chaque terme d'une puissance quelconque de ce polynome. Ils ont été conduits à ces considérations par une lettre de Leibnitz à Fatio Duillier, dans laquelle il fait entrevoir combien il seroit commode, pour l'élévation aux puissances et pour l'élimination, de distinguer les divers coefficiens d'une même quantité par l'ordre du rang qu'ils occupent.

Ces recherches ne sont parvenues en France que depuis peu de temps ; c'est le premier volume des *Disquisitiones analyticæ* de M. Pfaff, contenant un beau mémoire sur le retour des suites, qui nous a fait connoître les travaux de MM. Hindenburg et Maurice Pfaff.

Le même ouvrage contient, en outre, deux mémoires très-intéressans, l'un sur la sommation des tangentes dont les arcs procèdent suivant une loi donnée, et l'autre sur une équation différentielle du second ordre, dont Euler s'est beaucoup occupé dans son Calcul intégral.

L'analyse combinatoire continue d'occuper les géomètres Allemands ; mais elle n'a acquis aucune faveur en France, parce que ses usages sont trop bornés, et ne paroissent pas s'étendre aux branches qu'il importe le plus de perfectionner.

Arbogast, considérant que le développement d'une fonction quelconque, suivant la puissance de la variable dont elle dépend, s'obtient par la série de Taylor, imagina de modifier le procédé de la différenciation, de manière à ne calculer (dans l'expression des différentielles, qui se complique beaucoup quand il s'agit d'une fonction qu'on fait varier, par rapport à une quantité qui n'y est contenue qu'implicitement) que les termes essentiellement différens ; et c'est à ce procédé qu'il a donné le nom de *calcul des dérivations.*

La marche de ce calcul simplifie considérablement les opérations du développement des fonctions dans les cas les plus compliqués, et rend abordables des recherches qui, sans ce secours, pourroient présenter au premier coup-d'œil des calculs effrayans ; elle a conduit l'auteur à plusieurs formules nouvelles et à plusieurs résultats très-élégans sur le retour des suites, l'intégration des équations aux différences finies à coefficiens constans, la théorie des séries récurrentes simples, doubles, triples. On ne peut disconvenir, en effet, que la méthode qu'on emploie pour obtenir le terme général des suites récurrentes, ne soit très-indirecte, puisque, reposant sur les résolutions des équations, elle introduit dans l'expression demandée des irrationnelles qui ne doivent point y entrer. A la vérité, ces irrationnelles doivent disparoître dans les fonctions symétriques des racines du dénominateur, qu'on forme en réduisant à un seul dénominateur toutes les parties du terme général ; mais ces calculs sont très-prolixes. M. Trembley a tâché de les rendre praticables, dans un mémoire où il cherche la loi du terme général en fonction rationnelle du dénominateur de la fraction génératrice.

Arbogast emploie aussi son calcul des dérivations aux développemens différentiels des divers ordres, à celui des sinus et cosinus des arcs multiples en puissance du sinus de l'arc simple, et réciproquement. Il traite aussi par les algorithmes (peut-être un peu trop multipliés) dont il fait usage, les produits des facteurs équidifférens, auxquels il donne le nom de *factorielles*.

Ce genre de fonctions que les géomètres ont eu de fréquentes occasions de considérer, et que Vandermonde a représenté par une notation ingénieuse et très-expressive, qui met en évidence leur analogie avec les puissances, a été traité presque en même temps sous ce point de vue, sous le nom de *facultés numériques*, dans l'Analyse des réfractions astronomiques de M. Kramp, et dans le Traité des différences et séries de M. Lacroix. M. Kramp a consacré un chapitre entier à cette théorie et à ses usages dans le développement des polynomes dont il avoit besoin pour les réfractions. La formule très-élégante à laquelle il parvint, s'étoit présentée à MM. Laplace et Borda; mais M. Kramp l'a publiée le premier.

Parmi les nombreuses applications des différences et des séries, la recherche des probabilités tient, sans contredit, le premier rang, et acquiert encore plus d'importance quand il s'agit de la conservation de l'espèce humaine, et de l'influence de la petite vérole sur la mortalité, et de celle que la vaccine peut avoir sur la longévité et la population. L'ouvrage que vient de publier M. Duvillard, doit attirer l'attention des géomètres par les nouvelles formules qu'il renferme, et celle des hommes d'état par les conséquences qui en découlent.

M. Ampère a fait, dans ce genre d'analyse, un mémoire destiné à prouver qu'une ruine certaine est la suite infaillible de la passion du jeu. Cet ouvrage seroit bien capable de guérir les joueurs, s'ils étoient un peu plus géomètres.

LES

Les grands progrès que l'analyse a fait faire dans le siècle dernier aux sciences physico-mathématiques, et principalement à l'astronomie, ont multiplié à un tel degré les points de contact de ces sciences, qu'il est presque impossible de faire l'histoire de l'une sans parler des autres ; car si les résultats appartiennent à la physique, les moyens employés pour y parvenir sont entièrement du domaine des mathématiques pures. Depuis la publication du Traité de mécanique d'Euler, où il insista avec force sur l'usage de l'analyse dans une science traitée synthétiquement jusqu'alors, les géomètres ont réuni tous leurs efforts pour la réduire au plus petit nombre possible de formes purement analytiques : de là, l'emploi des principes généraux des forces vives, des aires, de la moindre action, de la loi du repos, et enfin du principe des vîtesses virtuelles, dont la combinaison avec celui de d'Alembert, qu'on peut regarder presque comme l'énonciation d'une vérité identique, ramène à une seule équation générale les lois du mouvement, aussi-bien que celles de l'équilibre.

La publication de la Mécanique analytique de M. Lagrange, où ce principe a été pour la première fois appliqué, à l'aide du calcul des variations, à toutes les circonstances de l'équilibre et du mouvement des corps tant solides que fluides, ayant fait rentrer dans le domaine de l'analyse la résolution des problèmes relatifs à ces branches des mathématiques, plusieurs géomètres ont cherché à démontrer directement ce principe, qui n'avoit encore été prouvé que par l'accord qui règne entre les résultats auxquels il conduit, et ceux que donnent les principes ordinaires de la mécanique. Tel est l'objet des mémoires de

M. Fossombroni, où l'on trouve, parmi plusieurs remarques importantes, la discussion des différens cas où les équations que fournit le principe des vîtesses virtuelles ont lieu pour des mouvemens finis.

Le Journal de l'École polytechnique contient aussi des ouvrages de MM. Fourrier, Lagrange, de Prony, Poinsot et Ampère, sur le même sujet. Par une construction très-simple, qui donne une existence réelle à l'hypothèse ingénieuse qu'Euler avoit faite sur la nature des forces (pour démontrer la loi du repos indiquée par Maupertuis), M. Lagrange a déduit du cas où l'équilibre des moufles est évident par lui-même, et de la considération du *maximum* et du *minimum*, l'équation fondamentale du principe. M. Poinsot s'est appuyé sur la considération des surfaces auxquelles doivent être perpendiculaires les diverses forces qui agissent sur le système. Enfin M. Ampère, dans son analyse, change par des leviers coudés la direction de toutes les forces, et les ramène dans la même direction ; idée dont le fondement se trouve dans les Principes de l'équilibre et du mouvement, publiés par M. Carnot, à Dijon, en 1783, lorsqu'il ignoroit encore l'usage que M. Lagrange avoit fait de ce principe dans sa pièce sur la libration de la lune. M. Carnot en fit la base de son *Essai*, et la démontra, à l'aide d'une considération d'une espèce particulière de déplacemens, qu'il n'envisagea que comme des relations géométriques, dont le caractère est de pouvoir s'effectuer indifféremment dans deux sens opposés, malgré la liaison du système : il en tira plusieurs conséquences importantes par rapport aux principes généraux de la mécanique et à leur application. Cet ouvrage, trop serré, avoit besoin de développemens, que l'auteur lui a donnés dans une édition maintenant sous presse.

En général, la métaphysique de la mécanique rationnelle, dépendant, au moins en grande partie, des mêmes considérations que celle de l'analyse des infiniment petits, n'a pas moins occupé les géomètres depuis 1789. M. Lagrange, dans sa Théorie des fonctions, l'a déduite des principes dont il s'est servi dans le même ouvrage pour appliquer aux courbes et aux surfaces le calcul analytique. Les cours de l'École polytechnique ont obligé M. de Prony de s'en occuper, et il a publié, dans sa Mécanique et dans ses Programmes, des remarques nouvelles sur ce sujet, et particulièrement sur la théorie du centre de percussion, présentée jusque-là d'une manière assez peu satisfaisante. M. Poisson a, de son côté, donné, dans la correspondance de l'École polytechnique, une démonstration élémentaire et rigoureuse des équations d'équilibre entre des surfaces rapportées à trois axes perpendiculaires.

M. Laplace a voulu aussi ramener au principe des vîtesses virtuelles ses nombreux travaux sur l'astronomie physique ; il a repris, à cet effet, la mécanique dans ses fondemens ; il a donné des démonstrations nouvelles et rigoureuses des principes de cette science, tels que la décomposition des forces de l'équilibre de deux masses mues en sens contraires, la proportionnalité de la force à la vîtesse, sur laquelle d'Alembert avoit, par plusieurs mémoires, appelé l'attention des géomètres : ensuite, par la considération des surfaces et des courbes sur lesquelles les corps liés entre eux sont obligés de se mouvoir, il est

Astronomie physique.

parvenu à introduire dans l'analyse, d'une manière générale, les équations de la liaison d'un système quelconque
de corps ou de leurs actions réciproques, et à tirer par
ce moyen, du principe de la décomposition des forces,
une démonstration de celui des vîtesses virtuelles.

Il circonscrit avec la plus sévère précision la généralité
des autres principes, assigne la diminution qu'éprouvent
les forces vives lorsqu'il arrive des changemens brusques
dans les vîtesses des parties du système ; et son analyse
du principe des aires le conduit à la détermination importante d'un plan sur lequel la somme des aires tracées par
les projections des rayons vecteurs du corps, multipliées
respectivement par leur masse, est la plus grande possible ; et relativement aux plans qui lui sont perpendiculaires, la somme analogue est toujours nulle.

Au moyen de ces propriétés, le plan dont il s'agit peut
se retrouver, pour un temps quelconque, comme la position
du centre de gravité du système : il est, par conséquent, aussi
naturel de prendre dans ce plan deux des coordonnées du
système, que de placer l'origine au centre de gravité ; et
comme, en supposant à ce centre un mouvement rectiligne,
les mêmes conséquences ont encore lieu à l'égard d'un plan
parallèle à celui que nous venons d'indiquer pour l'origine
fixe, on peut déterminer, par les seules données du système, un plan qui demeure constamment parallèle à lui-
même pendant toute la durée du mouvement, et dont
la considération est, par conséquent, de la plus grande
utilité pour simplifier les formules qui s'y rapportent.

Pour compléter la discussion et le développement des
principes généraux de la mécanique, l'auteur examine ce

qu'il deviendroit dans toutes les relations mathématiques entre la force et la vîtesse.

L'analyse nécessaire à la détermination des mouvemens d'un corps solide de figure quelconque, à celle des équations du mouvement des fluides et de leurs principales conséquences, se trouve considérablement perfectionnée par rapport à la simplicité et à la généralité.

Pour appliquer, conformément à l'ordre analytique, les formules du mouvement aux corps célestes, M. Laplace commence d'abord par tirer des phénomènes représentés par les lois de Kepler, la loi de la pesanteur universelle; et il parvient ainsi au rapport direct des masses et inverse du carré des distances. Le mouvement des satellites autour de leurs planètes principales, la détermination exacte que cette considération fournit pour la parallaxe de la lune, et enfin le résumé général des principaux phénomènes observés, le conduisent à cette conséquence, que toutes les molécules de la matière s'attirent en raison directe des masses et en raison inverse du carré des distances. En suivant ici, mais avec toute la supériorité et la facilité que l'analyse donne sur la synthèse, la marche de Newton, M. Laplace remet son lecteur sur la route de la belle découverte de l'attraction : et en la présentant comme le simple résultat des observations, il montre le véritable caractère qui distingue cette théorie de tous les systèmes qui l'ont précédée ; caractère qui en assure la vérité, et qui relègue à jamais parmi les disputes inutiles toutes les difficultés métaphysiques qu'on voudroit élever sur la cause inconnue ou occulte qui produit la tendance que les corps célestes ont les uns vers les autres.

Ce n'est qu'en se créant des méthodes d'approximation, qu'Euler, Clairaut et d'Alembert ont pu, vers le milieu du siècle dernier, soumettre au calcul les circonstances de l'attraction réciproque des trois corps : depuis ce temps les géomètres se sont occupés sans cesse à varier et à perfectionner ces méthodes, et M. Laplace en a fait l'objet le plus spécial de ses recherches dès son entrée dans la carrière des sciences. La suite des mémoires qu'il a publiés sur cet objet depuis 1772, contenoit des méthodes pour faire disparoître les arcs de cercle et obtenir par-là les équations séculaires, pour calculer séparément, et dans le développement général des perturbations, des termes d'un ordre élevé, lorsqu'on a lieu de croire qu'ils peuvent acquérir par l'intégration une grandeur plus considérable ; procédé qui l'a conduit à la découverte des inégalités à longues périodes, à celle de l'équation séculaire de la lune. Ces excellens matériaux, par leur enchaînement, l'extension qu'ils ont reçue, et les applications qu'il en a faites, ont acquis, dans le premier volume de la Mécanique céleste, une importance toute nouvelle. Dans le second volume, l'auteur traite de la figure des corps célestes, des oscillations de la mer et de l'atmosphère, et des mouvemens des corps célestes autour de leur centre de gravité.

On y trouve d'abord des recherches sur l'attraction des sphéroïdes, dans lesquelles il fait un usage si heureux d'une équation différentielle partielle qui donne les propriétés générales des divers termes du développement de cette attraction en séries, indépendamment de leur sommation ; méthode qu'il n'a cessé de perfectionner depuis 1785, et qu'il applique à la théorie de l'anneau de Saturne, au mouvement des satellites de cette même planète, et à ceux d'Uranus.

Les fondemens de ces méthodes avoient été posés par M. Laplace, dans plusieurs volumes de l'Académie des sciences et de l'Institut ; l'auteur n'a pu revenir sur ces sujets pour les rassembler en corps d'ouvrage, sans y ajouter un nouveau degré de perfection : mais il sera toujours utile aux jeunes géomètres d'en rapprocher les premiers matériaux, pour étudier la marche des idées de l'auteur ; et l'on verra que l'ouvrage de M. Laplace lui est entièrement propre dans presque toutes ses parties pour le fond, et par-tout pour la forme. Les sujets traités dans les deux derniers volumes ne sont ni moins beaux ni moins intéressans ; mais ils appartiennent plus particulièrement à l'astronomie, dont ils sont la principale richesse. Mais nous ne pouvons nous refuser d'indiquer dès à présent la théorie des réfractions, comme renfermant des artifices analytiques très-remarquables, et parce que la considération de l'attraction, sensible seulement à des distances très-petites des surfaces qui l'exercent, et sur laquelle l'auteur a fondé la détermination de la trajectoire du rayon lumineux, renferme le germe des découvertes qu'il a faites sur l'attraction capillaire. Les recherches de Clairaut sur cette matière ne l'avoient conduit à aucun résultat précis, faute de connoître la loi de l'attraction qui s'exerce à de très-petites distances. M. Laplace est parvenu à se passer de cette loi, en supposant seulement que la fonction qui l'exprime décroît assez rapidement pour devenir insensible dès que la distance cesse de l'être, et qu'elle conserve cette propriété après une ou deux intégrations. Ses formules l'ont conduit aux principaux résultats donnés par l'expérience.

M. Laplace s'étoit d'abord appuyé sur l'équilibre des canaux dans les masses fluides, pour déterminer la figure que doit prendre la surface d'un fluide pesant renfermé entre des parois qui l'attirent; il a donné ensuite une nouvelle base à sa solution, en se servant du principe, que la résultante des forces qui agissent sur un fluide en équilibre, est perpendiculaire à la surface. Non-seulement il a tiré de ce second moyen les mêmes formules que du premier, mais il a été conduit à l'explication des phénomènes des corps qui, nageant à la surface d'un fluide, sont placés à de petites distances, et paroissent s'attirer et se repousser dans certaines circonstances indiquées avec précision par le calcul.

Dès 1782, M. Legendre avoit commencé des recherches sur l'attraction des sphéroïdes elliptiques; et il avoit démontré le premier que la figure elliptique pouvoit seule convenir à l'équilibre d'une masse fluide homogène, animée d'un mouvement de rotation, et dont toutes les molécules s'attirent en raison inverse du carré des distances. En 1789, un usage heureux des transformations indiquées par Euler et M. Lagrange, pour simplifier l'intégration des différences partielles prises successivement par rapport à diverses variables, le conduisit à démontrer, sans le secours des séries, que si deux sphéroïdes elliptiques ont leurs trois sections principales décrites du même foyer, les attractions qu'ils exercent sur un même point extérieur, auront la même direction, et seront entre elles comme leurs masses.

En

En 1790, il communiqua à l'Académie des recherches sur les sphéroïdes hétérogènes : il s'est aidé dans ce travail de l'équation différentielle partielle que M. Laplace a mise le premier en usage, et il a trouvé que la figure elliptique étoit encore celle qui convenoit à l'équilibre du sphéroïde, soit lorsqu'il est recouvert de lames fluides, soit lorsqu'il est formé de couches elliptiques entièrement fluides, et de densités variables suivant une loi quelconque. Le même auteur a poussé ses recherches jusqu'aux sphéroïdes hétérogènes qui ne sont pas de révolution.

Cette équation différentielle partielle dont MM. Laplace et Legendre ont fait un usage si remarquable, traitée de nouveau par M. Biot, l'a conduit, par un procédé fort simple, à plusieurs théorèmes d'une grande généralité sur l'attraction des sphéroïdes quelconques, qu'il particularise ensuite pour les sphéroïdes de révolution et pour les sphéroïdes elliptiques.

La même équation, entre les mains de M. Lagrange, a donné les termes successifs du développement des attractions ; il a fait aussi l'application de sa théorie des équations séculaires à la détermination de celle de la Lune, dont M. Laplace avoit le premier constaté analytiquement l'existence et la grandeur.

Nous sommes loin de croire que le tableau qui vient d'être tracé, soit la notice complète de tout ce que les géomètres ont publié d'intéressant depuis 1789 jusqu'aux derniers jours de 1806 : beaucoup d'ouvrages imprimés hors de France ont pu nous échapper, et principalement ceux qui sont écrits en allemand, idiome avec lequel

Sciences mathématiques. N

RÉSUMÉ.

les savans François sont malheureusement trop peu familiarisés ; c'est ce qui fera excuser les omissions involontaires dans lesquelles nous avons pu tomber. Quel que soit l'état des relations politiques entre les Gouvernemens, les sciences doivent faire, de ceux qui les cultivent, une république essentiellement en paix, et dont les efforts doivent tendre sans cesse, et d'un commun accord, à l'accroissement et à la propagation des lumières.

Si l'intervalle dont nous avons fait l'histoire ne présente pas, ainsi que la fin du dix-septième siècle, de ces découvertes qui, comme l'attraction et les nouveaux calculs, changent la face de la science, il offre un caractère bien remarquable, celui de la rapidité avec laquelle les connoissances mathématiques, concentrées jusque-là dans un petit nombre d'adeptes, sont devenues presque populaires ; et cet avantage est dû à la perfection et a la généralité qu'ont acquises les méthodes qui forment maintenant un tout bien lié, et aux grandes et belles applications que les sciences physico-mathématiques, et principalement l'astronomie, ont offertes aux mathématiques pures. D'ailleurs, la multitude de conséquences délicates qui ont été déduites du principe de l'attraction, la difficulté de les obtenir, de prévoir même leur existence, la finesse des moyens que leur développement a exigés des analystes, rendent les derniers progrès presque aussi imposans et plus immédiatement utiles que les premières vérités établies à la fin du dix-septième siècle et au commencement du dix-huitième. Il est juste d'ailleurs de considérer que les grandes découvertes, les principes fondamentaux, sont nécessairement en petit nombre. Préparés par le travail de plusieurs siècles, quand ils sont au degré de maturité qui permet au génie de les recueillir, leur premier effet est d'exciter l'admiration, et le second d'imposer aux générations suivantes des travaux immenses, dont l'éclat ne sauroit jamais égaler la difficulté.

Il seroit difficile et peut-être téméraire d'analyser les chances que l'avenir offre à l'avancement des mathématiques : dans presque toutes les parties, on est arrêté par des difficultés insurmontables ; des perfectionnemens de détail semblent la seule chose qui reste à faire ; tous les mouvemens qui ne se rapportent pas à de petites oscillations autour d'un état moyen soumis à des lois simples, toutes les déterminations dont on ne connoît pas une première valeur approchée, semblent nous échapper absolument ; enfin les conditions du mouvement général des fluides sont expliquées analytiquement, sans qu'on puisse entrevoir comment on en déduira les règles de ce mouvement.

Toutes ces difficultés semblent annoncer que la puissance de notre analyse est à-peu-près épuisée, comme celle de l'algèbre ordinaire l'étoit par rapport à la géométrie transcendante au temps de Leibnitz et de Newton, et qu'il faut des combinaisons qui ouvrent un nouveau champ au calcul des transcendantes et à la résolution des équations qui les contiennent.

L'usage des intégrales définies, indiqué par Euler pour toutes les valeurs de fonctions données par certaines équations différentielles partielles, semble devoir être une source féconde de découvertes, lorsqu'on sera parvenu à établir sur ces intégrales un calcul analogue à celui qu'on a sur les fonctions circulaires et logarithmiques.

Mais, malgré les difficultés qui enveloppent ces résultats, le spectacle des progrès de l'analyse et de la mécanique rationnelle depuis Descartes jusqu'à nous, doit autoriser la génération qui s'élève à ne rien voir d'impossible dans ce qui reste a faire, et à redoubler d'efforts pour que le siècle que nous ouvrons ne se termine pas sans ajouter des découvertes importantes à celles dont on vient de voir le tableau.

ASTRONOMIE.   L'ASTRONOMIE se fonde sur les observations, les théories et les calculs. Les observations se font, depuis un demi-siècle, avec une perfection à laquelle il paroît difficile et presque inutile de rien ajouter désormais.

Les théories laissoient des vides assez considérables ; ils sont presque tous heureusement remplis. Les calculs ont une précision illimitée ; et quand ils sont en erreur, ce ne peut être que par la faute des observations ou des théories. Ils ne peuvent avoir en eux-mêmes d'autres défauts que leur longueur fatigante ; et c'est à l'astronome à chercher les moyens de les abréger, puisque, par un usage continuel, il est plus à portée que personne d'apercevoir les inconvéniens des méthodes, et les ressources qu'on peut avoir pour les rendre plus supportables.

C'est l'observation qui a donné naissance aux théories et qui les a devancées de plusieurs siècles. Les astronomes avoient reconnu les principales inégalités des mouvemens célestes, et donné des règles pour les calculer à-peu-près. Pendant deux mille ans, les astronomes ont dit que les étoiles avoient un mouvement de $50''$ par an autour des

pôles de l'écliptique ; et c'est vers le milieu du siècle
dernier seulement qu'on a tenté de soumettre ce phénomène au calcul. Ptolémée avoit découvert l'une des inégalités les plus importantes de la théorie de la lune, et,
sans se douter de la cause qui la produisoit, il avoit su en
donner la formule. Tycho avoit découvert la variation et
l'équation annuelle ; et long-temps après la grande découverte de Newton, les géomètres s'épuisoient en vains efforts
pour faire découler tous ces effets du principe général de
la gravitation, que tous cependant reconnoissoient comme
la cause unique de toutes les inégalités : leurs calculs ne
leur donnoient que la moitié du mouvement que les astronomes observoient dans l'apogée de la lune. La figure
aplatie de notre globe devoit produire un balancement, un
mouvement de nutation, dans l'axe de la terre. Newton
l'avoit annoncé, sans entreprendre de le calculer. Bradley
découvrit ce mouvement et le calcula. On connoissoit le
mouvement de la terre et celui de la lumière ; l'aberration
en découloit géométriquement ; et ce fut encore Bradley
qui la trouva par observation, quand personne ne songeoit
à cette conséquence de deux mouvemens bien connus.
C'est donc à l'observation qu'on a dû tous ces grands
aperçus, si capables de piquer la curiosité des géomètres
qu'ils ont conduits à perfectionner l'analyse et la mécanique ; c'est par les observations qu'il convient de commencer le tableau des progrès que l'astronomie a faits de
nos jours. Les bonnes observations ne datent que de
soixante ans. Toutes les fois que les astronomes ont eu
occasion d'appliquer à quelque recherche un peu délicate
les observations des anciens ou celles du moyen âge, celles

même de Flamsteed et de Halley, de la Hire et de Cassini, ils se sont convaincus que l'imperfection n'étoit pas suffisamment compensée par un plus grand intervalle de temps. Vers le milieu du dix-huitième siècle, le Monnier et Lacaille en France, Bradley en Angleterre, Mayer à Gottingue, entreprirent de poser enfin l'astronomie sur ses véritables fondemens, en fixant les positions des étoiles. Ils s'attachoient, dans les différens catalogues qu'ils nous ont laissés, à donner aux astronomes, dans toutes les parties du ciel, les points fixes dont on avoit besoin pour déterminer les mouvemens des planètes et des comètes. Mayer, le Monnier et Bradley avoient l'avantage de posséder des instrumens du célèbre Bird : ceux qu'employoit Lacaille étoient d'un constructeur qui n'a pas laissé une aussi grande réputation ; à peine un astronome daigneroit-il s'en servir aujourd'hui ; et ils restent comme des monumens de ce que peuvent les soins, le travail et l'adresse de l'astronome qui n'a que des instrumens médiocres : car, dans tous ses ouvrages, Lacaille soutient la comparaison avec ses rivaux, quoique leurs quarts de cercle, leurs lunettes méridiennes, soient encore aujourd'hui au nombre des instrumens auxquels on accorde le plus de confiance. S'il a auprès d'eux quelque désavantage, c'est seulement pour les réfractions ; et l'on convient cependant que nul n'avoit employé des moyens plus ingénieux, plus multipliés, et plus propres à le conduire à cette précision qu'il a portée par-tout ailleurs. Tout est lié dans l'astronomie ; la hauteur du pôle, l'obliquité de l'écliptique, les déclinaisons des astres, leurs ascensions droites, les longitudes du soleil et les réfractions, toutes ces

déterminations paroissent dépendre mutuellement les unes
des autres ; et cependant, avec des réfractions que l'on
s'accorde à regarder comme trop fortes, Lacaille a su
déterminer tous ces points fondamentaux avec autant de
précision que ses illustres émules. Le successeur de Bradley
avoit porté plus particulièrement ses soins sur un petit
nombre d'étoiles brillantes que leur éclat permet d'observer
toute l'année, même en plein jour, pour y comparer le
soleil et les planètes : où ses prédécesseurs n'employoient
que quelques comparaisons en nombre borné, le premier
il imagina d'en faire servir concurremment des milliers.
Toute l'Europe adopta ce précieux catalogue, qui ne contenoit guère que trente-quatre étoiles ; tous les astronomes
le prirent pour le fondement de toutes leurs recherches :
mais ce catalogue ne peut servir que pour les astres qu'on
observe au méridien. Vers 1790, on avoit reconnu généralement que les mouvemens particuliers (dont peut-être
aucune étoile n'est exempte) ne permettoient plus de se
fier aux positions des autres catalogues qui avoient acquis
alors quarante ans de date. M. de Zach entreprit de les
vérifier, en prenant pour base les trente-quatre étoiles
de M. Maskelyne ; il publia, bientôt après, son nouveau
catalogue, avec de nouvelles tables solaires. M. Delambre,
qui lui-même avoit donné quelques années auparavant
d'autres tables solaires beaucoup plus exactes que celles
de Mayer et même que celles de Lacaille, entreprit, de
son côté, la revue de tout le ciel étoilé. La publication
de son travail fut retardée par la mesure de la méridienne ;
il n'en parut que quelques fragmens dans la Connoissance
des temps, avec l'un des résultats les plus intéressans

qu'il en avoit déduits , la réduction du mouvement annuel de précession à 50″1 , au lieu de 50″25 que supposoit Lalande , ou 50″3 que supposoient d'autres astronomes. Mais le travail de M. Delambre ne pouvoit être complet, non plus que celui de M. de Zach ; il y manquoit les déclinaisons, qu'on ne peut déterminer qu'avec de grands muraux, extrêmement rares , même dans les établissemens publics, et qui passent les facultés des particuliers.

M. Lalande, dont le zèle actif a été si utile à toutes les parties de l'astronomie , avoit engagé M. Bergeret (riche amateur) à faire construire à Londres un de ces grands muraux, qu'il avoit fait confier à M. Dagelet. Cet astronome s'en étoit servi pour commencer une description exacte de toute la partie du ciel étoilé qui se voit sur l'horizon de Paris. Il quitta, non sans regret, son observatoire pour suivre la Pérouse , dont il a partagé le sort malheureux : il étoit difficile de retrouver un observateur aussi zélé, aussi infatigable ; mais M. Lalande élevoit un neveu qu'il avoit spécialement destiné à ce travail utile autant que pénible. M. le Français-Lalande , succédant à Dagelet dans l'observatoire de l'École militaire, recommença le travail sur un plan plus régulier : il partagea le ciel en zones de deux degrés ; il marquoit le temps des passages et la distance au zénit de toutes les étoiles qui traversoient sa lunette. Il suffisoit de deux étoiles connues dans chaque zone pour en conclure sûrement l'ascension droite exacte de tous les astres observés dans la même nuit, et M. le Français les observoit par centaines depuis le crépuscule jusqu'à l'aurore. Lacaille avoit fait, en 1751, un travail semblable sur dix mille étoiles de la partie australe :

australe : il n'avoit pour cette description que les instrumens qu'un voyageur peut transporter dans un autre
hémisphère. Le nouveau catalogue, construit avec un instrument plus parfait , assuroit une précision bien plus
grande, en même temps qu'il devoit être d'un usage plus
général, puisque l'hémisphère austral n'offre encore aujour-
d'hui aucun observatoire , même dans les établissemens
Européens que le commerce y a fondés depuis si long-
temps. M. Lalande n'avoit d'abord porté son ambition qu'à
dix mille étoiles, pour égaler le nombre de Lacaille ; mais,
quand il eut connu par expérience le zèle de son neveu,
et tout le parti que l'on pouvoit tirer du climat de Paris,
quoique souvent nébuleux , il en desira successivement
vingt, trente et enfin cinquante mille. Il les obtint ; et
ce travail prodigieux est consigné dans l'Histoire céleste
Françoise, qui a paru en 1801. Les astronomes auroient
préféré, sans doute , dix mille étoiles observées cinq fois
chacune, à cinquante mille observées une seule fois; ce qui
laisse craindre les erreurs de chiffres, presque inévitables
dans une si grande multitude d'opérations complexes :
mais ce qu'il a si heureusement commencé, M. le Français
a la force et la volonté de l'achever. Les ascensions droites
sur-tout méritoient une exacte révision , non-seulement
parce qu'elles sont plus importantes par elles-mêmes , mais
aussi parce que le mural ne peut les donner avec la même
précision que les distances au pôle. M. le Français-Lalande
a pris le parti de vérifier à la lunette méridienne tout ce
qu'il a observé au mural, et ce nouveau travail est déjà
fait pour plusieurs milliers d'étoiles les plus utiles et les
plus remarquables. Dans la force de l'âge, il peut se flatter,

Sciences mathématiques.   O

avec beaucoup d'apparence, qu'il pourra laisser aux astronomes futurs le tableau le plus complet du ciel étoilé, vers le
commencement du dix-neuvième siècle ; ouvrage immense,
auquel on pourroit appliquer, avec moins d'exagération,
ce que Pline a dit des mille vingt-deux étoiles d'Hipparque,
et qui, outre son usage continuel pour les comètes,
aura, quelque jour, le mérite essentiel de conduire à la
connoissance des mouvemens propres, et presque imperceptibles, qu'on commence à soupçonner dans toutes les
étoiles.

M. Piazzi, vers le même temps, fondoit à Palerme un
observatoire nouveau, qui, dès sa naissance, a pris rang
parmi les observatoires le plus justement célèbres ; il s'attacha d'abord à rectifier complétement les positions des
étoiles. Il avoit deux instrumens du premier ordre, tous
deux construits par le plus grand de tous les artistes
(Ramsden), et dont l'un est peut-être encore unique en
son espèce. Quatre volumes *in-folio*, publiés par M. Piazzi
depuis cette époque, nous ont mis en possession d'un
excellent catalogue de trois mille étoiles, dont toutes les
positions se rapportent à l'an 1800 ; des principales observations sur lesquelles est fondé ce catalogue ; d'une nouvelle table de réfractions déterminées par une méthode
qui n'est pas nouvelle en théorie, mais dont il a dû le succès
à l'instrument nouveau, qui donnoit avec la même précision, et simultanément, les azimuts des étoiles et leurs
distances au zénith.

La perfection de cet instrument encouragea M. Piazzi
à reprendre une recherche dans laquelle avoient échoué
tous les astronomes, celle de la parallaxe annuelle des

étoiles , seul moyen que nous ayons pour estimer leurs
distances. De toutes les observations faites jusqu'alors, il
résultoit seulement que cette distance est si grande, que la
parallaxe doit être assez petite pour se confondre avec les
erreurs inévitables des observations. Cependant Bradley
se croyoit en droit d'assurer que la parallaxe de γ du
Dragon n'étoit pas de 1", et que la distance de cette étoile
étoit au moins deux cent mille fois la distance de la Terre
au Soleil. Or, cette étoile n'est que de seconde ou troisième
grandeur; et l'on peut conjecturer, avec assez de vraisem-
blance, que les étoiles plus brillantes sont en proportion
moins éloignées : d'où il résulteroit que Sirius, la Lyre,
Arcturus et la Chèvre, pourroient être sujets à une parallaxe de 3 à 4", qui ne devroient pas échapper aux observations qu'on est en état de faire aujourd'hui. M. Herschel,
ayant examiné cette question en 1782, avoit reproduit
un moyen suggéré par le célèbre Galilée. Plusieurs étoiles
assez brillantes sont accompagnées d'une étoile plus petite :
l'espace qui les sépare, est nul à la simple vue et dans les
lunettes ordinaires ; mais il doit s'agrandir quand la Terre,
dans sa révolution annuelle, est arrivée au point de plus
grande proximité, comme il doit diminuer six mois après
dans son plus grand éloignement ; les variations observées
de ce petit angle pourroient conduire à la connoissance
approchée de ces différences. M. Herschel donnoit les
formules nécessaires pour ces calculs, et une liste considérable de ces petits angles ; mais, n'ayant appliqué ses
formules à aucune de ses nouvelles observations, on étoit
fondé à croire qu'il n'en avoit trouvé aucune qu'il eût faite
dans les circonstances requises. Il auroit donc fallu répéter

ces observations difficiles pour lesquelles ses immenses
télescopes sont à peine suffisans ; il faudroit y joindre des
micromètres capables de donner avec sûreté les fractions
de seçonde, et l'on n'en connoît encore aucun qui soit
bien propre à des recherches aussi délicates : ainsi, malgré
ce beau travail, la question n'étoit guère plus avancée. Pour
essayer de la résoudre par les moyens connus, M. Piazzi
fit choix des étoiles de première grandeur. Il n'ose assurer
rien bien positivement ; il n'a trouvé aucune parallaxe à la
brillante de l'Aigle, à Arcturus. La parallaxe de la Chèvre
n'est pas de $1''$; celle d'Aldébaran seroit de $1'' \frac{1}{2}$ tout au
plus : mais celle de Procyon lui paroît au moins de $3''$,
et celle de Sirius de $4''$. En examinant les observations
qui l'ont conduit à ces résultats, on ne peut s'empêcher
d'y voir quelque probabilité ; mais, si l'on compare ces
petites parallaxes aux erreurs des observations, on retombe
dans l'incertitude. M. Calandrelli, qui s'est aussi occupé de
cette question dans ses Opuscules astronomiques, publiés
à Rome en 1806, commence par discuter toutes les observations, et même celles de M. Piazzi ; il n'y voit rien de
bien certain : mais, d'après les observations qu'il a faites
lui-même avec le secteur des PP. Maire et Boscovich, il
assure positivement que la parallaxe de la Lyre est de
$4'' \frac{1}{2}$. M. Piazzi l'avoit d'abord trouvée de $2''$ par la même
étoile ; mais, en examinant une cause d'erreur à laquelle
il n'avoit pas songé d'abord, et après avoir pris les précautions nécessaires pour la faire disparoître, il avoue
ingénument qu'il ne trouva plus de vestige de parallaxe.
Averti par cet exemple, M. Calandrelli a dû se prémunir
contre cette erreur ; et l'on ne peut disconvenir qu'en

employant une parallaxe de $4''\frac{1}{2}$, on ne trouve un plus grand accord entre ses observations. Il y restera cependant des différences presque égales à la parallaxe supposée ; en sorte qu'on ne peut encore rien conclure, d'autant plus que l'auteur rejette lui-même une partie de ses observations, sans autre cause apparente, sinon qu'elles ne vont pas bien avec la parallaxe qui lui paroît prouvée par les autres. Ajoutons qu'une question si difficile demanderoit le concours de tous les moyens que fournit l'astronomie. Or, la Lyre ne sauroit avoir une parallaxe de $4''$ en déclinaison, sans en avoir une de $6''$ en ascension droite : ainsi, dans l'espace de six mois, l'ascension droite devroit varier de $12''$ ou $0''.8$ en temps. Cette variation ne peut être altérée par l'inconstance des réfractions : on peut la constater par l'observation des petites étoiles qui sont voisines de la Lyre, et qui seront visibles depuis septembre jusqu'en mars. Ainsi tout ce qu'on peut conclure pour le présent, c'est que la question de la parallaxe, qu'on a crue long-temps insoluble, mérite d'être examinée de nouveau, mais qu'elle est loin encore d'être complétement résolue.

L'obliquité de l'écliptique est l'un des points traités avec le plus de succès par M. Piazzi, qui pourtant n'a pu accorder les solstices d'hiver avec ceux d'été. Il en rejette la cause sur les irrégularités des réfractions en hiver ; il n'a de confiance qu'aux observations d'été, et c'est d'après ces dernières uniquement qu'il établit son obliquité. M. Delambre, en 1797, avoit profité d'un instant de relâche dans les travaux de la méridienne, pour observer les réfractions, depuis $70°$ jusqu'à $90°\frac{1}{3}$ de distance au zénith, avec un

cercle répétiteur. En comparant ses observations à celles
de M. Piazzi, il avoit déduit de l'ensemble une table de
réfractions, qui depuis, à Paris, s'est accordée beaucoup
mieux avec les observations solsticiales d'hiver et d'été.
Dans le même temps, M. Borda, ayant soumis à une analyse profonde le phénomène de la réfraction, avoit joint
l'expérience à la théorie, pour déterminer la constante qui
en fait le point essentiel. Ce travail achevé s'est malheureusement perdu à sa mort ; il n'en existe aucun vestige,
aucun souvenir : mais M. Laplace nous en a dédommagés,
pour la partie analytique, par la formule qu'il a publiée
dans le tome IV de sa Mécanique céleste ; et M. Biot,
ayant retrouvé le prisme dont Borda s'étoit servi dans ses
expériences, recommença ces observations sur un plan plus
vaste, et trouva directement cette constante, qui est précisément la même que M. Delambre avoit précédemment
déterminée par ses observations de Bourges et par la totalité
de celles de M. Piazzi : en sorte que cet élément si important
et si délicat, trouvé avec tant d'accord par des méthodes
si différentes, paroît maintenant établi avec toute la certitude qu'on pourroit desirer. La nouvelle table donnée
par M. Laplace d'après cette constante, étendue jusqu'à
l'horizon par une analyse ingénieuse et savante, diffère
en général assez peu de la table que M. Delambre avoit
calculée par des moyens purement astronomiques, et ne
s'en écarte un peu que vers l'horizon, où les bonnes
observations sont rares, et heureusement peu nécessaires.
Les variations brusques et irrégulières que les réfractions
éprouvent tout près de l'horizon, paroissent de nature à
échapper toujours au calcul ; elles ne semblent dépendre

ni du baromètre ni du thermomètre dans le lieu de l'observation. Il résulte encore d'expériences·très-intéressantes de M. Biot, que l'eau en vapeurs, répandue dans l'atmosphère, ne peut avoir aucune influence sensible sur les réfractions : ces variations dépendroient donc des couches d'air traversées successivement par le rayon horizontal ; et comme il sera toujours impossible de connoître l'état de ces couches éloignées, à cet égard le phénomène échappera toujours à tous nos instrumens et à toutes nos méthodes de calcul. Ce qui peut nous consoler, c'est que ces connoissances, qui nous paroissent refusées pour toujours, ne pourroient guère être indispensables que pour l'astronome qui habiteroit les régions polaires : la table de M. Laplace suffit donc pour tous les climats accessibles à l'astronomie. Bouguer et le Gentil avoient cru que la zone torride exigeoit une table particulière de réfractions. Bouguer n'a pas laissé ses observations, et il est impossible de savoir au juste sur quoi son assertion est fondée : le Gentil a publié toutes les siennes ; mais il n'en avoit lui-même calculé que la moindre partie, et s'étoit considérablement trompé dans son calcul. En reprenant toutes les observations de cet astronome, M. Delambre, en 1793, est arrivé à un résultat tout opposé. Les réfractions de la zone torride sont les mêmes que celles des zones tempérées : c'est aussi ce que le célèbre voyageur M. de Humboldt a reconnu dans son voyage du Mexique ; et déjà M. le Monnier, au cercle polaire, en 1736, avoit trouvé que les réfractions y sont les mêmes qu'à Paris, dès que les astres ont atteint la hauteur où il nous importe de les observer. Cette théorie si importante, qui trouve son application dans tous les calculs astronomiques, et qui depuis cent ans a occupé tous les géomètres et les astronomes, a donc reçu, de nos jours, toute la certitude qu'on desiroit lui donner, ou du moins toute celle dont elle est susceptible ; elle ne peut être en erreur que d'une fraction de seconde à la hauteur du pôle, dans tous les observatoires présens et futurs.

Nous avons déjà dit que les solstices d'hiver et d'été observés à Paris, au nombre de douze, par M. Delambre, avec le cercle répétiteur, s'accordoient à donner à fort peu près la même obliquité à l'écliptique, sur-tout quand on les calcule avec la nouvelle table de réfractions ; et en diminuant la hauteur du pôle d'une demi-seconde, comme cette table l'exige, cette obliquité est la même que celle qui résulte des observations de M. Piazzi à Palerme, en été, et la même encore que M. Maskelyne a trouvée par les derniers solstices : ainsi, avec trois instrumens différens, trois astronomes, à de grandes distances, sont parfaitement d'accord sur l'un des points les plus importans de la théorie solaire. Ce même accord s'étoit montré en 1750 ; Mayer, Bradley, Lacaille et le Gentil, ne différoient pas d'une seconde sur cet élément. La comparaison de tous ces résultats ne donneroit pourtant qu'une diminution séculaire de 46″, au lieu que la théorie semble en exiger une de 52″. Mais, d'une part, il n'est pas impossible que les observations de 1750, si on les pouvoit toutes calculer aujourd'hui avec des élémens plus sûrs (tels que la parallaxe du Soleil, qui n'étoit pas alors bien connue), avec les nouvelles Tables de réfractions et les vraies hauteurs du pôle, ne se rapprochassent sensiblement de la théorie : d'autre

part,

part, la théorie suppose les masses des planètes, et nous sommes encore obligés de convenir que nos connoissances, à cet égard, n'ont pas toute la sûreté que les siècles futurs leur donneront infailliblement. Vénus, qui influe si puissamment sur la variation séculaire de l'obliquité de l'écliptique, n'ayant point de satellite, nous n'avons, pour en déterminer la masse, que les effets qu'elle produit dans les mouvemens de la Terre. M. Delambre a fait tout ce qui étoit possible pour la détermination des masses de Mars, de Vénus et de la Lune, en comparant un nombre prodigieux d'excellentes observations, sur lesquelles il a fondé ses dernières Tables solaires ; il en a déduit les quantités les plus probables pour le présent. Plus de précision sera l'ouvrage des siècles, qui développeront des inégalités plus considérables, mais dont les variations sont trop lentes pour avoir été suffisamment observées.

L'analyse de M. Laplace a présenté pour la première fois les formules de toutes ces inégalités, en laissant les masses indéterminées : mais, pour appliquer ces formules aux besoins continuels de l'astronomie, il a bien fallu adopter une valeur pour ces masses ; on a pris celle qui satisfait le mieux aux variations dont la période est courte, en attendant que l'on puisse déterminer celle qui convient aux inégalités plus considérables et plus propres à lever tous les doutes.

Ici l'analyse, qui, dans sa naissance, ne pouvoit que suivre l'observation d'un pas mal assuré, a pris l'avance, en déterminant d'une manière irrévocable tout ce qui étoit de sa compétence, et n'a laissé aux siècles futurs que l'application de règles constantes, et faciles à mettre en

Sciences mathématiques. P

pratique à mesure qu'on obtiendra les données nécessaires qui dépendent uniquement de l'observation. Nous verrons, dans ce qui va suivre, bien d'autres exemples de services pareils rendus par l'analyse à l'astronomie.

La théorie de la Lune offroit de plus grandes difficultés ; elles ont été presque entièrement levées de la manière la plus satisfaisante. Newton n'avoit pu que montrer la route. Le principe de la pesanteur doit expliquer jusqu'aux moindres circonstances des mouvemens de la Lune autour de la Terre, qui est elle-même entraînée à se mouvoir autour du Soleil ; mais le développement de la série, ou plutôt des innombrables séries qui résolvent le problème des trois corps, passe toutes les forces de la patience humaine. Nous avons déjà vu que les plus grands géomètres avoient échoué d'abord complétement en ce qui regarde le mouvement de l'apogée ; mais ils s'étoient relevés avec gloire, et Clairaut le premier avoit reconnu la cause de l'erreur commune. Ce n'étoit rien encore auprès des nombreuses inégalités qui restoient à développer ; Euler, Clairaut et d'Alembert en firent l'objet d'immenses travaux : les deux premiers réussirent à-peu-près également ; le troisième fut moins heureux dans les calculs numériques ; il ne fit pas, comme ses émules, un aussi bon emploi des observations. Ceux-ci, prenant dans leur analyse la forme des équations et l'argument dont elles dépendent, cherchoient dans les observations la valeur des coefficiens qui n'auroient pu s'exprimer théoriquement que par des fonctions trop compliquées pour être jamais assez sûres et assez complètes. Malgré ces emprunts, ils furent encore surpassés par l'astronome Mayer, qui, plus familiarisé avec les calculs astronomiques, sut tirer des observations un parti bien plus avantageux, et d'ailleurs eut aussi le mérite de donner une formule analytique que d'excellens juges regardent comme la meilleure. Mason compara les Tables de Mayer à douze cents observations, alors inédites, de Bradley ; il améliora les coefficiens de Mayer, introduisit des équations indiquées par cet astronome, qui les avoit cependant trouvées trop incertaines ou trop foibles pour en alonger les Tables. M. Burg calcula plus de deux mille observations plus nouvelles, et toutes de M. Maskelyne ; il introduisit quelques équations : il trouva généralement peu de changemens à faire aux coefficiens de Mason. Ces deux vérifications, dont l'une est de 1778, l'autre des dernières années du siècle, prouvèrent que toutes les inégalités périodiques de la longitude de la Lune sont bien connues. Il ne restoit à déterminer que les équations à longues périodes, et celles que leur petitesse empêche de démêler dans les observations ; telle étoit une équation de $7''$ qui dépend du nœud de la Lune, et que les astronomes hésitoient à recevoir : M. Laplace la démontra ; il en ajouta une autre de $8''$ pour la latitude, à laquelle personne n'avoit songé, et qui confirma la quantité de l'aplatissement de la Terre, indiquée par d'autres phénomènes. Plusieurs des coefficiens déterminés par M. Burg ont été pareillement confirmés par la théorie de M. Laplace : de ce nombre est l'égalité qui dépend de la parallaxe du Soleil, et qui s'accorde parfaitement avec ce qu'ont donné les passages de Vénus. Ce qui prouve bien le degré de précision de ces recherches, c'est une équation de $3''$ qui se réunit au second terme de l'équation du centre. M. Burg, qui la voyoit fortement indiquée par l'observation, étoit cependant tenté de la supprimer, parce qu'il ignoroit alors que ce terme résultât évidemment des calculs analytiques de M. Laplace.

Ces divers résultats du travail immense de M. Burg, quoique précieux par eux-mêmes, ne pouvoient encore remédier aux erreurs qui commençoient à se manifester d'une manière bien sensible dans les Tables lunaires. Ces erreurs tenoient à des équations à longues périodes, qui, pendant un certain temps, se confondent avec les mouvemens moyens, et ne pourroient se manifester complétement que par des observations excellentes qui embrasseroient les durées de toutes ces périodes ; ce qui manquera long-temps encore à l'astronomie, puisque les observations assez exactes pour ces déterminations délicates ne remontent pas à plus de soixante ans. A la vérité, les astronomes avoient cru entrevoir dans ce mouvement moyen de la Lune en longitude, une accélération qui nécessitoit une équation séculaire. Cette équation avoit été provisoirement adoptée, quoique la démonstration se fût dérobée long-temps à tous les efforts des plus grands géomètres. Enfin M. Laplace la démontra, et M. Lagrange a depuis confirmé, dans les Mémoires de Berlin, cette intéressante découverte. La preuve la plus directe qu'on avoit de cette accélération, consistoit en deux observations du dixième siècle faites par l'astronome Arabe Ebn-Younis ; mais on craignoit que ces observations ne fussent de simples calculs. Pour éclaircir le doute, on obtint du Gouvernement Batave un manuscrit précieux de l'ouvrage d'Ebn-Younis, qui étoit à la bibliothèque de Leyde ; M. Caussin fit la traduction du fragment qui intéressoit les astronomes, et elle fut publiée dans les *Notices des manuscrits*. Malgré la certitude des calculs analytiques, on est toujours charmé de retrouver, dans les observations, des preuves à portée d'un plus grand nombre de lecteurs ; et les savans ont su beaucoup de gré à M. Caussin, qui les a fait jouir d'un ouvrage où l'on trouve d'ailleurs plusieurs autres particularités intéressantes de l'astronomie des Arabes.

Cette accélération en longitude, la seule que les astronomes eussent aperçue, étant ainsi démontrée, fit aussitôt sentir à M. Laplace la nécessité de deux autres équations importantes, plus difficiles à reconnoître par l'observation, mais qui tiennent, par un rapport fort simple, à l'inégalité séculaire de la longitude, et affectent, l'une l'anomalie moyenne, et l'autre l'argument de latitude.

Ces équations sont un des services les plus signalés que l'analyse ait pu rendre à l'astronomie, en ce qu'elles assurent à jamais l'exactitude des Tables lunaires, dont la navigation et la géographie font l'usage le plus important et le plus continuel.

Les inégalités de la Lune en latitude sont beaucoup plus foibles, moins compliquées, plus aisées, par conséquent, à déterminer par la théorie. Les calculs analytiques de M. Laplace et ceux que M. Burg a fondés sur les observations mêmes, ont donné les mêmes équations, les mêmes coefficiens ; et s'il y a quelques légères différences, elles sont probablement à l'avantage de la théorie, qui indique encore quelques petites inégalités dont on n'a fait jusqu'ici nul usage, vu la petitesse des coefficiens, et les incertitudes propres au genre d'observations qui pourroit les confirmer

La même conformité se trouve encore pour la parallaxe entre les observations et la théorie ; M. Burckhardt a même prouvé, dans la Connoissance des temps, que la théorie est plus sûre de beaucoup, et ne peut, en aucun cas, être en erreur de $0''75$.

Enfin, un dernier service rendu par M. Laplace à la théorie lunaire consiste en une équation de $14''$, dont la période est de cent quatre-vingt-cinq ans, qui, par conséquent, peut, dans l'espace de quatre-vingt-douze ans, produire une différence de $28''$ dans l'erreur des Tables, et qui explique, de la manière la plus satisfaisante, les étranges différences qu'on trouvoit entre le mouvement moyen en longitude, déduit de la comparaison des observations faites, à diverses époques, dans le siècle qui vient de finir, ou même à la fin du précédent : c'étoit encore une de ces équations compliquées dont le coefficient ne peut avec assez de sûreté s'exprimer par une fonction analytique ; et M. Laplace, content d'avoir indiqué l'argument qui la règle, a laissé à M. Burg le soin d'en déterminer la constante par les observations. M. Burckhardt s'est aussi occupé de cette recherche délicate, étroitement liée avec celle du mouvement séculaire.

La grande proximité de la Lune à la Terre, qui rend si sensibles les moindres anomalies dans les mouvemens de ce satellite, fait le mérite et la difficulté de ces recherches, qui exigent dans le géomètre tant de profondeur et de sagacité, dans l'astronome tant de sûreté et de patience pour les calculs, et enfin une longue suite d'observations faites avec tout le soin possible et les meilleurs instrumens. Toutes ces circonstances réunies ont fait qu'il n'appartenoit

qu'à la fin du dix-huitième siècle de voir heureusement sur-
montés tant d'obstacles qui, à toute autre époque, eussent
été vraiment insurmontables. La question seule du mouvement séculaire de la Lune, qui étoit encore la partie la
moins épineuse du problème général, avoit paru assez
importante pour que l'Institut en fît l'objet d'un prix, qui
fut partagé entre MM. Burg et Bouvard. Ajoutons que ce
prix fut doublé, et proclamé sous la présidence de celui
qui préside aujourd'hui aux destins de l'Europe ; que la
France, alors en guerre avec l'Autriche, donnoit cet encou-
ragement et cette marque de considération à un astronome
de Vienne ; que, bientôt après, le bureau des longitudes fut
autorisé à proposer pour sujet d'un prix extraordinaire,
le reste du problème, ou la détermination des inégalités
lunaires ; que ce nouveau prix fut encore adjugé double
au même M. Burg, qu'on s'attendoit bien à voir rentrer
dans la carrière, pour y cueillir une palme encore plus
belle que la première. Tant d'améliorations dans les
Tables lunaires avoient cependant ce léger inconvénient,
qu'elles devoient alonger encore des calculs déjà prolixes.
M. Delambre, éditeur de ces Tables, au nom et par l'ordre
du bureau des longitudes, voulut faire disparoître ces
désavantages, en les calculant sous une forme plus commode, qui fait que le calculateur n'a jamais que des additions à faire, sans qu'aucune époque soit altérée ; de sorte
qu'on y retrouve dans toute leur pureté les nombres dont
on doit faire usage dans la pratique de l'astronomie.

C'est, à quelques différences près, la forme qu'il avoit
donnée à ses Tables solaires, que le bureau des longitudes
a fait imprimer dans un même volume, avec les Tables de

M. Burg, et qui, pour la partie elliptique, se sont trouvées les mêmes exactement que celles qu'il avoit publiées dix ans auparavant, quoique, pour cette nouvelle édition, il eût calculé plus de douze cents observations de MM. Bradley, Maskelyne et Bouvard, et douze cents observations qu'il avoit faites lui-même avec le cercle répétiteur, pour déterminer les points équinoxiaux, c'est-à-dire, les points d'où se comptent les longitudes et les ascensions droites de tous les astres, sans parler de deux mille autres observations de même genre, pour déterminer les points solsticiaux et l'obliquité de l'écliptique.

Remarquons encore que, dans la première édition de ces Tables solaires, on avoit employé pour la première fois, d'après l'idée de M. Laplace, la méthode des équations de condition, maintenant universellement reconnue pour être la seule qui permette de discuter tout-à-la-fois tous les élémens de la théorie d'une planète, la seule qui puisse employer un nombre illimité d'observations dont chacune fournit tout ce qu'elle est propre à fournir, ne compte jamais que pour ce qu'elle vaut, et est toujours utile, sans jamais nuire.

L'ordre des planètes nous conduit à parler de Mercure, dont feu M. Lalande s'est occupé pendant quarante ans, et dont il a conduit la théorie elliptique à un degré de perfection qui laisse bien peu à desirer, quoiqu'il ait presque toujours, dans ses recherches, négligé les perturbations, qui, à la vérité, sont peu de chose en elles-mêmes, et produisent des effets encore moindres sur les lieux de cette planète vue de la Terre. Cependant, puisque les inégalités de Mercure surpassent encore nombre d'équations qu'on

n'a

n'a pas cru devoir négliger dans les Tables des planètes supérieures, il paroît convenable de donner aussi à celles de Mercure ce degré de précision de plus, et M. Burckhardt vient de se charger de ce travail.

Les mêmes attentions sont nécessaires, à plus forte raison, pour Vénus, dont les erreurs géocentriques surpassent de beaucoup les erreurs héliocentriques, à raison de sa grande proximité de la Terre. D'ailleurs, cette planète intéresse particulièrement les astronomes, à qui elle a dévoilé la distance du Soleil à la Terre, et donné l'échelle commune sur laquelle se mesurent les distances réciproques de tous les corps qui circulent autour du Soleil : elle intéresse également les navigateurs, à qui son éclat permet de la comparer à la Lune, dans le crépuscule, pour la détermination des longitudes.

On n'a pas non plus négligé ces attentions pour Mars, dont la théorie a occupé en même temps trois astronomes de pays divers, M. Oriani à Milan, M. le Français-Lalande à Paris, et M. Triesnecker à Vienne.

Jupiter et Saturne sont de tous les corps du système solaire, après la Lune cependant, ceux qui permettroient le moins de négliger les perturbations ; leur masse considérable, le peu de distance qui les sépare, les soumettent à des dérangemens très-sensibles, qu'Euler et Mayer avoient calculés en partie. Ces inégalités, dont la période n'est pas très-longue, disparoissent à des intervalles connus, et n'empêcheroient pas qu'on ne pût, même en négligeant les perturbations, déterminer au moins le moyen mouvement et le cours elliptique de ces deux planètes : cependant les astronomes y trouvoient des inégalités inexplicables, qui

Sciences mathématiques. Q

accéléroient le mouvement de Jupiter et retardoient celui de Saturne. Vainement l'Académie des sciences avoit deux fois proposé cette théorie pour le sujet de ses prix. Deux géomètres du premier ordre avoient successivement obtenu les prix pour les belles formules analytiques qu'on admire dans leurs mémoires ; mais la question étoit intacte et même désespérée. Lambert avoit essayé de déterminer empiriquement ces inégalités ; et en comparant aux Tables de Halley toutes les oppositions de Jupiter et de Saturne qu'on avoit observées depuis cent cinquante ans, il les avoit représentées à 4′ près, et avoit diminué sensiblement les erreurs, qui montoient auparavant à 22′ pour Saturne, et à 8′ pour Jupiter. C'étoit un véritable service rendu aux astronomes ; et c'est ainsi que pendant plusieurs siècles on avoit tenu compte des principales inégalités de la Lune, sans en pouvoir découvrir la cause : mais rien n'assuroit que cet accord, tout imparfait qu'il étoit déjà, dût se soutenir long-temps. M. Laplace, qui avoit donné les moyens de considérer isolément les termes de la série des perturbations, et de calculer ceux auxquels l'intégration pouvoit donner des diviseurs assez petits pour les rendre très-sensibles, aperçut dans les mouvemens de Saturne et de Jupiter un rapport qui donnoit un de ces petits diviseurs. En effet, l'argument qui se forme de cinq fois la longitude de Saturne, moins deux fois celle de Jupiter, n'a qu'un mouvement très-lent ; il en résulte pour ces deux planètes une équation à longue période et de signe contraire, qui, se confondant avec le mouvement moyen, paroît accélérer l'une des deux planètes et retarder l'autre. Par un hasard singulier, cette équation se trouvoit nulle à la renaissance de l'astronomie, au temps des observations de Tycho ; elle étoit, il y a quelques années, à son *maximum :* en sorte que le mouvement moyen de Jupiter, depuis Tycho jusqu'à nous, paroissoit augmenté de l'équation entière, et le mouvement de Saturne retardé proportionnellement. Ce retard et cette accélération paroissoient différens, selon l'intervalle qui séparoit les observations que l'on comparoit ; et cet embarras, vu la longueur de la période, auroit encore inquiété les astronomes pendant bien des siècles, si la théorie de M. Laplace n'étoit heureusement venue à leur secours. D'autres combinaisons de même genre amènent d'autres équations, qui, sans être tout-à-fait aussi importantes, sont encore assez grandes pour produire des effets très-sensibles dans Saturne. M. Laplace, en les évaluant successivement, en discutant d'ailleurs plus attentivement les inégalités qui ne dépendent que des premières puissances des excentricités, les seules qu'on eût considérées jusqu'alors, est parvenu à faire disparoître pour toujours des Tables de Jupiter et de Saturne ces erreurs énormes, qui étoient le scandale de l'astronomie : de sorte qu'en appliquant sa théorie à vingt-quatre des meilleures oppositions, il étoit parvenu à les représenter toutes, à moins de 2′ près ; et de ces erreurs, déjà si sensiblement diminuées, la plus grande partie étoit due à des équations négligées pour le moment, en raison des calculs immenses qu'elles auroient exigés. Une partie non moins forte tenoit aux observations mêmes, qui, pour la plupart, étoient loin de l'exactitude qu'on sait y mettre aujourd'hui : de plus, M. Laplace avoit été forcé d'employer ces observations telles qu'elles avoient été calculées par les astronomes, dans des temps où l'on ne connoissoit ni l'aberration ni la nutation. M. Delambre, qui en fit la remarque, offrit à M. Laplace de discuter soigneusement toutes les observations qu'on avoit des deux planètes vers leurs oppositions, depuis la renaissance de l'astronomie, et de faire toutes les réductions suivant les méthodes les plus modernes. De son côté, M. Laplace revit et perfectionna ses calculs analytiques ; et de cette réunion l'on vit naître des Tables de Jupiter et de Saturne, dont les erreurs ne passoient guère une demi - minute, et n'atteignoient pas ordinairement à un quart de minute. Le petit nombre des observations vraiment exactes n'avoit pas permis alors d'éliminer celles qui l'étoient moins ; il restoit sur la masse de Saturne une petite incertitude qu'on n'avoit pu lever. L'auteur des Tables avoit senti lui-même ces imperfections ; pour se préparer à les faire disparoître, il avoit disposé son travail de manière à pouvoir le reprendre un jour, en ne perdant aucun des calculs qu'il avoit déjà faits, et ses Tables furent le dernier ouvrage dont l'Académie des sciences put ordonner l'impression : elles parurent vers la fin de 1789. Dès qu'on put joindre aux observations déjà calculées celles de douze autres années, M. Bouvard, en continuant ce travail, réduisit encore les erreurs à moins de moitié, c'est-à-dire, à un cinquième de minute, dans les circonstances les plus défavorables : et il est heureusement assez jeune pour espérer d'ajouter encore à la perfection de ses nouvelles Tables, terminées depuis plus d'un an, et qui vont bientôt paroître.

Pendant qu'on s'occupoit de ces recherches, une nouvelle planète, découverte par M. Herschel quelques années auparavant, faisoit déjà concevoir l'espérance qu'on auroit

assez de données pour en calculer l'orbite d'une manière
au moins assez approchée. Par les élémens elliptiques qu'on
avoit déterminés dès-lors, on avoit de fortes présomptions
que cette planète avoit été observée comme étoile par
Mayer en 1756, par Flamsteed en 1690, et enfin par
M. le Monnier, qui l'avoit vue trois fois en 1765 ; en
sorte que si ce dernier astronome eût pris la peine de
comparer ses trois observations, il eût prévenu de seize
ans M. Herschel, à qui il seroit encore resté assez d'autres
titres pour que son nom fût immortel dans les fastes de
l'astronomie. L'Académie des sciences proposa pour sujet
du prix la théorie de cette nouvelle planète : l'auteur de
la pièce couronnée sentit bientôt la nécessité d'appliquer
à Uranus la théorie de M. Laplace, avec laquelle il avoit
eu occasion de se familiariser dans son travail sur Jupiter
et Saturne. En effet, les mouvemens d'Uranus avoient avec
ceux de Saturne des rapports assez semblables à ceux qui
existent pour Jupiter et Saturne ; et il en résultoit une de
ces équations à longue période, sans laquelle il eût été
impossible de bien déterminer les mouvemens moyens de
la nouvelle planète, ni sa distance au Soleil, ni par conséquent aucune de ses inégalités.

Les observations de 1690, de 1756 et de 1765, par
leur éloignement même, étoient précieuses pour les élémens d'une planète qui n'étoit guère connue comme telle
que depuis huit ans ; ce qui ne fait pas le dixième de sa
période : mais, d'un autre côté, rien ne constatoit encore
que Flamsteed, Mayer et le Monnier eussent véritablement
observé la planète de M. Herschel. M. Delambre, pour
ne rien donner au hasard, commença par établir sa théorie

sur les observations qui étoient incontestables ; avec ces élémens, il s'assura que la planète avoit dû se trouver, en effet, aux endroits où elle avoit été observée comme étoile : l'incertitude étant ainsi dissipée, il put se prévaloir des observations plus anciennes, pour donner à ses élémens un plus grand degré de précision ; et le succès fut tel, que dix-huit ans d'observations qu'on a faites depuis la construction de ses Tables, n'ont manifesté encore aucune correction sensible, et que cette planète si moderne paroîtroit, si l'on pouvoit en juger bien sainement sur un intervalle qui n'est pas le tiers de la révolution, mieux connue qu'aucune autre, si ce n'est Jupiter et Saturne depuis le travail de M. Bouvard.

M. Oriani fit paroître, bientôt après, d'autres Tables d'Uranus, fondées également sur la théorie de M. Laplace : il trouva, de son côté, toutes les mêmes inégalités que l'auteur François ; et si la partie elliptique de ses Tables n'avoit pas tout-à-fait la même précision, c'est qu'il n'avoit pas eu le loisir de rassembler un aussi grand nombre d'observations assez précises.

Le service éminent que M. Laplace venoit de rendre aux Tables des planètes supérieures, l'enhardit à tenter une entreprise plus difficile encore, en soumettant à l'analyse la théorie des satellites de Jupiter. Depuis la découverte de ces quatre lunes, en combinant les observations faites pendant cent années, les astronomes étoient parvenus à représenter assez bien, par des équations empiriques, les éclipses du premier et même du second satellite ; le troisième et le quatrième étoient plus rebelles, et l'on y remarquoit des anomalies que l'empirisme étoit impuissant à représenter. L'Académie des sciences avoit proposé ce sujet pour l'un de ses prix. Bailly, qui s'étoit occupé de ces recherches, et qui ne pouvoit concourir en sa qualité d'académicien résidant, se hâta de publier ce qu'il avoit achevé de son travail, pour ne pas risquer de se voir enlever les remarques curieuses qu'il avoit faites le premier. En appliquant aux satellites la solution que Clairaut avoit donnée du problème dés trois corps, il avoit expliqué les équations périodiques qui avoient assuré aux Tables de Wargentin la prééminence sur celles de Cassini, de Bradley et de Maraldi ; mais ce sujet épineux demandoit un géomètre du premier rang. M. Lagrange, qui remporta le prix, démontra toutes ces mêmes équations et quelques autres : il avoit envisagé son sujet sous un point de vue bien plus vaste et bien plus fécond. Les géomètres qui l'avoient précédé, avoient résolu le problème des trois corps ; Bailly avoit considéré deux à deux tous les satellites, avec leur planète principale : M. Lagrange osa le premier considérer simultanément les actions combinées des quatre satellites et celle du Soleil, et il eut la gloire nouvelle de résoudre le problème des six corps. Le sujet étoit trop vaste pour être épuisé dès la première tentative ; M. Laplace, entrant alors dans la carrière, la parcourut en entier, et chacun de ses pas fut marqué par une découverte : non-seulement il expliqua toutes les inégalités périodiques et celles qui, ne pouvant être démêlées par les astronomes, avoient rendu si défectueuses les Tables des deux satellites supérieurs, les variations des nœuds, et celles de l'inclinaison, qui, après avoir été long-temps stationnaire, cessoit de le paroître depuis quelques années ; mais il remarqua dans chaque satellite une seconde équation du centre, qui dépendoit, non de sa propre apside, mais de celle d'un satellite voisin, et enfin il détermina entre les mouvemens moyens et les longitudes des trois premiers satellites un rapport simple, qui lui fournit deux théorèmes élégans, qu'on pourroit appeler *les lois de Laplace*, comme on a désigné par le nom de *lois de Kepler* les trois théorèmes fondamentaux des mouvemens elliptiques des planètes.

Cet immense et heureux travail offroit aux astronomes un vaste objet de recherches ; la théorie nouvelle laissoit indéterminées des constantes arbitraires en très-grand nombre, et l'observation seule pouvoit les fixer. M. Delambre entreprit ce nouveau travail ; il se proposoit d'abord d'y employer la totalité des observations qu'on avoit alors. Depuis plus d'un an il s'occupoit de ces recherches pénibles, lorsque l'Académie proposa ce sujet pour le prix qu'elle devoit adjuger en 1792. Le terme fixé à ce concours le contraignit à resserrer son plan et à se borner à quinze cents éclipses. Ses calculs obtinrent le prix. Ses Tables, depuis ce temps, sont entre les mains de tous les astronomes ; elles ont remplacé avec avantage celles de Wargentin : mais l'auteur, revenant sur son premier plan, l'a exécuté en entier ; et ses Tables, achevées depuis deux ans, maintenant sous presse, paroîtront sous peu de mois.

Le premier satellite avoit fait reconnoître le mouvement progressif de la lumière, et cette découverte de Roemer avoit facilité à Bradley la découverte utile et brillante de l'aberration de la lumière. M. Laplace conçut l'espérance que des éclipses choisies avec soin et en grand nombre donneroient peut-être quelque chose de plus précis pour

l'aberration

l'aberration même. M. Delambre, se livrant à cette nouvelle recherche, ne put d'abord y employer que cinq cents observations, et elles lui donnèrent pour l'aberration 20″25, au lieu de 20″ que Bradley avoit données en nombre rond ; mais, en rassemblant les observations de Bradley, il vit avec satisfaction que le résultat moyen étoit aussi de 20″25, précisément comme par le premier satellite : en sorte que la lumière met à venir du Soleil à la Terre 6″ de temps de plus que n'avoit supposé Bradley. Il a depuis recommencé ce travail, en y employant treize cents éclipses, et il n'a rien trouvé à changer à sa première détermination.

Les mouvemens moyens et les longitudes déduites des observations des trois premiers satellites se sont trouvés satisfaire aux deux théorèmes de M. Laplace, à quelques secondes près, c'est-à-dire, avec une précision dont on ne croyoit pas ces observations susceptibles : car on sait qu'une éclipse de satellite, observée dans le même lieu par divers astronomes, ne s'accorde pourtant quelquefois qu'avec des différences qui, pour le premier satellite, vont presque à une demi-minute, à une ou même plusieurs minutes de temps pour les satellites supérieurs. Malgré ces incertitudes, la combinaison d'un grand nombre d'éclipses peut fournir des élémens moyens qui, dans beaucoup de circonstances, mériteroient plus de confiance que les observations mêmes.

On sait les services que les Tables de satellites ont rendus à la géographie : et M. de Humboldt, dans son voyage d'Amérique, a fait, pour déterminer les longitudes, l'usage le plus constant et le plus satisfaisant des Tables de M. Delambre.

Sciences mathématiques,   R

Ainsi toutes les Tables des planètes ont reçu, depuis 1789, des améliorations sensibles et même inespérées : il nous reste à parler de celles des comètes.

Comètes. Ces planètes, d'une espèce particulière, qui se montrent à nous quelques instans pour se cacher ensuite des siècles entiers, parcourent des ellipses alongées, dont il nous est impossible de calculer encore le grand axe, d'où dépendent le temps de la révolution et l'époque du retour. Le petit arc qu'elles décrivent sous nos yeux, se confond sensiblement avec le sommet d'une parabole ; et comme toutes les paraboles sont semblables, une même Table suffit pour toutes les comètes. Halley, Lacaille et Chaligny avoient successivement augmenté cette Table, et Lacaille lui avoit donné une forme plus commode. Par des moyens nouveaux, on a pu l'augmenter encore, en lui donnant plus d'exactitude, vers 1791, pour la troisième édition de l'Astronomie de Lalande. M. Burckhardt, en partant d'un théorème de Lambert, a donné une formule dont l'usage est plus direct dans la recherche des élémens d'une comète nouvelle, et qu'on pourroit aussi renfermer dans une Table de peu d'étendue.

Cette recherche est extrêmement difficile. La solution directe conduit à une équation d'un degré élevé ; et nous avons déjà remarqué l'incertitude de ces solutions, sur-tout lorsque les coefficiens numériques ne sont pas de la dernière précision. Au lieu d'employer les observations mêmes, M. Laplace imagina de tirer de ces observations les différences premières et secondes de la longitude et de la latitude géocentrique, qu'il divise par l'élément du temps : par ce moyen, il détermine rigoureusement, avec facilité, les élémens de la comète, sans recourir à aucune intégration, et par la seule considération des différentielles de l'orbite. Cette manière nouvelle d'envisager le problème permet d'ailleurs d'employer un grand nombre d'observations voisines, pour diminuer l'influence des erreurs dont ces observations sont particulièrement susceptibles, et de comprendre un intervalle assez considérable entre les observations extrêmes.

Cette méthode ingénieuse a pourtant l'inconvénient analytique d'exiger quatre observations au moins, tandis que le problème n'en exige vraiment que trois. M. Laplace donne, à la vérité, des moyens pour obtenir, par trois observations, des valeurs de plus en plus exactes; mais il convient lui-même que les calculs sont pénibles : il trouve préférable de recourir à une quatrième observation, pour déterminer encore les valeurs possibles de l'inconnue, celle qui doit être admise. Il est rare, en effet, qu'on n'ait pas au moins quatre observations; mais, en général, les méthodes analytiques sont fondées sur des principes, exigent des calculs avec lesquels les astronomes sont moins familiarisés qu'avec les méthodes purement trigonométriques. Cette raison et une émulation louable ont porté, dans ces derniers temps, les astronomes à perfectionner leurs propres méthodes, à mesure qu'ils ont vu les géomètres s'emparer des problèmes qui leur avoient été jusque-là presque entièrement dévolus. On ne peut non plus dissimuler que les astronomes n'eussent, en général, une prévention long-temps fondée contre les méthodes analytiques : comme ils sont obligés de faire un usage continuel des formules que le géomètre ne considère qu'une fois en sa vie, il est tout simple qu'ils soient plus frappés des inconvéniens des méthodes, et qu'ils s'attachent à en trouver de plus expéditives. Dans un problème infiniment plus aisé, celui de l'aberration, Euler, Clairaut et du Séjour leur avoient offert des formules plus propres à leur faire négliger cette inégalité, qu'à leur faciliter les moyens d'en tenir compte ; Lacaille d'abord, et ensuite M. Delambre, ont seuls fourni aux astronomes des méthodes en même temps plus usuelles et plus directes. Dans le problème des éclipses, les formules même des plus grands géomètres n'ont reçu qu'un tribut d'estime, et n'ont pas encore mérité la préférence, ou du moins ne l'ont pas obtenue : il en étoit à-peu-près de même du problème des comètes. La méthode indirecte étoit cependant excessivement longue en certaines circonstances ; les astronomes en sentoient les inconvéniens : mais ces calculs prolixes étoient du moins très-faciles, et fondés sur les principes les plus simples de la trigonométrie ; les astronomes avoient peine à y renoncer.

Pingré, dans sa Cométographie, avoit exposé toutes les méthodes connues, de manière à laisser voir qu'intérieurement il n'étoit pas encore détaché de celle qui étoit plus anciennement en usage. Il est vrai que son livre même, les exemples nombreux qu'il avoit calculés, et quelques erreurs, paroissoient plus propres à ébranler qu'à soutenir le système qu'il préféroit. Dans ces circonstances, les astronomes ont dû accueillir avec faveur une méthode nouvelle, qui ne se fondoit que sur un théorème approximatif, à la vérité, en quoi il ressemble d'ailleurs à toutes les méthodes même analytiques, mais qui n'employoit que des formules simples, des essais faciles, et menoit le plus souvent au but par un chemin plus court et plus généralement connu : cette méthode est celle de M. Olbers, célèbre par la découverte de deux planètes et de plusieurs comètes.

A dire le vrai, la méthode de M. Olbers est autant analytique que trigonométrique : si le principe qu'elle suppose n'est pas rigoureusement exact, il conduit à des formules faciles. Ce qui la distingue des méthodes analytiques proprement dites, c'est qu'elle est tirée d'une construction simple, à laquelle l'auteur applique les règles de l'une et de l'autre trigonométrie. Ces constructions sont d'un usage continuel dans l'astronomie, et fournissent communément des expressions plus commodes que celles qui sont tirées des formules générales des mouvemens des corps célestes, considérés dans l'espace et rapportés à trois coordonnées rectangulaires. L'espèce d'analyse appliquée à ces constructions est ce qui constitue particulièrement ce qu'on peut nommer aujourd'hui les méthodes astronomiques, qui réunissent ainsi la clarté et la simplicité, tant prisées par les anciens astronomes, à la généralité et à la fécondité, qui étoient l'attribut distinctif des méthodes purement analytiques ; et l'introduction de ces méthodes mixtes date de l'époque dont nous sommes chargés de tracer l'histoire.

Celle que M. Olbers a imaginée pour les comètes, suppose, comme celle de Newton, que le rayon vecteur de la courbe, dans la seconde observation, coupe en parties proportionnelles aux intervalles de temps la corde qui joint les lieux de la comète dans les deux observations extrêmes. Cette supposition, qu'on bornoit à la comète,

M. Olbers l'étend au mouvement de la Terre ; ce qui lui fournit la position, l'intersection et l'angle de deux grands cercles qui passent tous deux par le Soleil, et dont l'un est le plan dans lequel se trouve la ligne qui joint les deux intersections, et l'autre le plan de l'orbite projetée sur l'écliptique. Cette même construction lui fait trouver un rapport fort simple entre la distance de la comète à la Terre dans la troisième observation, et la distance qui avoit lieu dans la première ; il tire du théorème de Lambert la valeur de la corde des deux observations extrêmes. Cette corde, les deux rayons extrêmes, sont exprimés en fonctions de la distance moyenne ; et quelques hypothèses qu'il forme successivement sur la valeur de ce rayon, le conduisent en peu de temps, et sans peine, à la vraie valeur des trois distances et à celle de tous les élémens approchés de la comète. Si le mouvement en longitude est lent en comparaison du changement en latitude, M. Olbers prend pour plan de projection un plan perpendiculaire à l'écliptique, qui lui fournit des formules semblables : il obtient ainsi une valeur approchée des élémens de la comète, et les perfectionne ensuite par des corrections réduites en formules générales d'une application facile. Ainsi, au principe fondamental près, qui n'est pas puisé dans l'analyse, sa méthode est par-tout exposée et exprimée d'une manière qui ressemble beaucoup plus à celle des géomètres qu'à celle des astronomes du siècle dernier.

Cette méthode paroissoit avoir obtenu la préférence sur toutes les autres, au moins dans le nord de l Europe ; elle étoit moins connue en France, où peu de savans lisent ce qui est écrit en allemand, c'est-à-dire, dans la langue de M. Olbers, dont l'ouvrage a paru à Weimar en 1797, avec une préface et des notes de M. de Zach.

M. Legendre, en particulier, n'en avoit aucune connoissance, lorsqu'il entreprit, en 1805, de donner une nouvelle méthode toute fondée sur des principes purement analytiques : il s'attache d'abord à démontrer une idée qui a semblé paradoxale. On pensoit généralement qu'en réunissant un grand nombre d'observations, on en pouvoit, par la méthode des interpolations, conclure une ou plusieurs positions de la comète qui seroient presque exemptes d'erreurs, parce que ces erreurs se seroient presque nécessairement compensées ; et, dans cette vue, on se livroit à ce calcul préparatoire, qui est la partie la plus rebutante du problème. Ce seroit, en effet, un service essentiel à rendre aux astronomes, que de prouver que cet échafaudage est inutile. M. Legendre va plus loin ; il le croit nuisible. Les preuves qu'il en donne n'ont pas encore opéré une conviction bien entière ; et peut-être n'y a-t-il qu'un seul moyen de mettre la chose parfaitement en évidence, mais il seroit un peu long : ce seroit d'en faire l'épreuve sur une orbite connue d'avance, de calculer sur une parabole donnée un certain nombre de lieux géocentriques d'une comète, d'altérer ensuite ces lieux sans aucune loi et de quantités inégales et qui fussent toutes dans les limites des erreurs possibles de l'observation ; de toutes ces positions altérées, on concluroit par interpolation trois lieux moyens, que l'on compareroit avec des lieux calculés directement pour les mêmes instants. Cette épreuve, appliquée à plusieurs orbites, montreroit ce qu'on doit penser de l'interpolation prépa-ratoire; et l'on peut s'étonner qu'aucun astronome ne l'ait encore tentée.

La méthode de M. Legendre a les avantages et quelques-uns des inconvéniens attachés à toutes les solutions ana-lytiques : c'est-à-dire, la longueur des calculs ; le grand nombre de lettres et de symboles, dont il est presque im-possible de retenir la signification, si l'on ne prend la précaution d'en dresser un tableau , qu'on est sans cesse obligé d'avoir sous les yeux ; enfin l'espèce d'obscurité qui fait que le calculateur est réduit à suivre une marche longue, sans voir clairement à chaque instant ce qu'il fait ni où il va : au lieu que, dans les méthodes astronomiques, quelquefois plus longues encore, et souvent plus indirectes, on voit au moins l'objet particulier de chaque portion du calcul ; c'est tel côté, tel angle d'un triangle qu'on a sous les yeux ou dans la mémoire. Cette obscurité est ce qui a nui principalement à nombre de méthodes savantes et géométriques ; c'est le reproche qu'on a fait particulière-ment à celles de du Séjour. Ce qui peut cependant assurer à la longue la préférence aux méthodes analytiques, fondées sur des connoissances qui se répandent chaque jour de plus en plus, c'est que, généralement parlant, ces méthodes sont plus directes et plus sûres. A dire le vrai, cependant, il n'en est aucune qui mérite ces deux titres dans le pro-blème des comètes; toutes se fondent sur des suppositions plus ou moins approximatives : il n'en est aucune qui ne trouve parfois des cas plus ou moins embarrassans. Celle de M. Olbers n'en est pas exempte plus qu'aucune autre ; car elle ne peut réussir quand l'orbite est peu inclinée à
l'écliptique.

l'écliptique. M. Legendre a trouvé lui-même une de ces circonstances où de petites quantités que l'observation ne fournit pas avec assez d'exactitude, servent à en conclure de beaucoup plus grandes, dans lesquelles les erreurs se multiplient proportionnellement ; en sorte qu'on ne peut plus compter sur aucun des résultats du calcul. Ces cas, dont il seroit difficile de faire d'avance l'énumération bien exacte, ont engagé M. Legendre à revoir et refondre sa méthode, qu'il a·singulièrement améliorée. Ce qui la distingue, est la manière dont il fait concourir les observations à la correction des premiers élémens d'une comète ; elle consiste à égaler à‾zéro la somme des carrés de toutes les erreurs : cette idée a de nombreux usages en astronomie, et l'auteur l'applique à l'opération qui a donné la grandeur de la Terre et le mètre. Il résulte évidemment de son analyse, que la Terre n'est pas d'une densité uniforme. Une masse de rocs ou de métaux placée dans l'intérieur de la Terre attirera d'une manière oblique le fil à plomb, et non-seulement·déplacera le zénith, mais le fera même sortir du vrai méridien ; et cette action oblique explique d'une manière fort simple les irrégularités avérées du méridien, et celles qu'on a remarquées dans les azimuts, depuis qu'on en a observé plusieurs sur un même arc, avec des soins et des moyens faits pour inspirer la confiance.

Une autre chose importante pour les astronomes dans le mémoire de M. Legendre, c'est l'usage des indéterminées dans le calcul logarithmique. L'auteur en avoit déjà donné plusieurs exemples dans des mémoires plus anciens, et notamment en 1788 : mais cette théorie a reçu des développemens très-avantageux dans la dernière solution du problème des comètes. Par ces formules, on voit à chaque pas les effets d'une erreur quelconque dans les observations ou dans les hypothèses; et à la fin du calcul, on a, d'une manière très-simple, l'effet total et définitif, d'après lequel on peut voir d'un coup-d'œil les changemens à faire dans les suppositions pour tout accorder, sans être obligé de recommencer le calcul. Plusieurs savans, Borda sur-tout, s'étoient efforcés d'introduire cette méthode dans les calculs nautiques; et ce dernier avoit donné, dans la Connoissance des temps, un exemple du calcul des longitudes, fondé principalement sur ce moyen, dont tous les astronomes sentiront la grande utilité pour abréger des opérations qui seront toujours, quoi qu'on fasse, un peu fatigantes par leur longueur.

De toutes les comètes observées jusqu'ici, il n'en est aucune qui ait autant exercé les astronomes que celle de 1770. Après avoir vainement essayé nombre de paraboles différentes, on a été forcé de recourir à l'ellipse; et cette ellipse a donné, pour le temps de la révolution, cinq ans et demi : c'est déjà une particularité fort extraordinaire que cette révolution, plus courte de plus de moitié que celle de Jupiter. Mais pourquoi la comète n'avoit-elle été vue, ni cinq ans, ni onze ans, ni seize ans plutôt, et pourquoi n'a-t-elle pas reparu cinq fois depuis 1770 ? Cette question singulière fut proposée par l'Institut pour le prix de mathématiques de l'an IX, et ce prix fut remporté par M. Burckhardt. L'auteur, après avoir discuté et calculé de nouveau toutes les observations, et avoir inutilement essayé seize paraboles sans pouvoir satisfaire à ces observations, démontre directement qu'aucune parabole ne pourra les représenter : il est donc réduit à essayer d'autres courbes. Il calcule onze hyperboles différentes avec tout aussi peu de succès ; il passe à l'ellipse, et retrouve celle de Lexell, c'est-à-dire, celle de cinq ans et demi. Tous ces calculs ont été faits par la méthode de M. Laplace, la seule qui pût réussir en cette occasion, à cause du peu d'inclinaison de l'orbite.

La comète avoit passé si près de la Terre, qu'elle avoit dû en éprouver des perturbations considérables; M. Burckhardt les calcula, pour connoître les élémens de l'orbite avant les perturbations : alors les deux branches de la courbe s'accordent également bien.

L'ellipse constatée, il restoit à chercher les causes qui ont empêché la comète de reparoître. M. Burckhardt, par le calcul de quatorze orbites différentes, prouve qu'il n'y a que peu de mois où le passage par le périhélie soit favorable à la découverte de la comète ; que le plus souvent elle n'a dû être visible que dans le crépuscule et dans les vapeurs de l'horizon, qui ont dû rendre la découverte extrêmement difficile, sans parler des mauvais temps qui ont pu l'empêcher tout-à-fait.

Toutes ces raisons, quoique fort vraisemblables, le deviennent un peu moins depuis que le nombre des astronomes qui cherchent les comètes s'est beaucoup augmenté. La démonstration la plus directe consistoit, sans doute, à calculer les perturbations produites par Jupiter pendant tout l'intervalle écoulé, pour en déduire les temps exacts des passages par le périhélie, et les plus courtes distances au Soleil ; mais on manquoit de formules pour ce cas extraordinaire : M. Laplace les donna dans le tome IV de la Mécanique céleste. Après les avoir disposées pour la comète de 1759, il traite le cas particulier où la comète passe très-près de la planète perturbatrice : il prouve que, dans le calcul des perturbations d'une comète par une planète dont elle approche très-près, on peut toujours supposer à la planète une sphère d'activité dans laquelle le mouvement relatif de la comète n'est soumis qu'à l'attraction de la planète, et au-delà de laquelle le mouvement absolu de la comète autour du Soleil n'est soumis qu'à l'action du Soleil.

D'après ces principes, M. Laplace détermine les élémens de l'orbite relative de la comète autour de la planète dans cette sphère d'attraction.

Ces formules appliquées par M. Burckhardt à la comète de 1770, lui ont donné les élémens à l'entrée de la comète dans la sphère d'activité de Jupiter.

Il en est résulté que la comète de 1770 avoit depuis long-temps cessé d'être visible, avant d'entrer dans la sphère d'activité de Jupiter ; qu'à l'instant de la sortie son ellipse étoit considérablement changée ; que la distance périhélie étoit plus que triple de la distance de la Terre au Soleil, et qu'ainsi la comète ne sera plus visible, à moins qu'elle n'éprouve de nouvelles altérations qui la rapprochent du Soleil.

Ainsi l'analyse a pu non-seulement expliquer les petits dérangemens que la comète de 1770 a subis à son passage près de la Terre, mais elle a calculé les changemens bien plus considérables qui l'ont depuis rendue invisible, peut-être pour toujours. On avoit bien soupçonné d'abord cette cause : on ne voyoit, en effet, que Jupiter qui pût produire des effets si marqués ; mais personne n'avoit osé en entreprendre le calcul.

De toutes les comètes, celle de 1770 est encore celle qui a le plus approché de la Terre ; elle en a dû éprouver des altérations sensibles, quoique beaucoup moindres que celles dont nous venons de rendre compte. M. Laplace a trouvé que le temps de sa révolution n'en avoit été diminué que de deux jours. Pour peu que la masse de cette comète eût été sensible, elle n'eût pas manqué de réagir sur la Terre et sur Jupiter ; mais le temps de la révolution de la Terre n'a certainement pas changé de $3''$ depuis cette apparition. M. Laplace en conclut que la masse de la comète n'est pas $\frac{1}{5000}$ de celle de la Terre. La comète a traversé le système des satellites de Jupiter, et depuis ce temps les éclipses de ces satellites ne s'accordent pas moins bien avec les tables.

L'action mutuelle des planètes suffit pour expliquer les inégalités que l'on observe dans leur mouvement : on n'y voit rien qui fasse soupçonner l'action des comètes connues ou inconnues ; et M. Laplace termine ses recherches par cette phrase, bien propre à dissiper ces terreurs si légèrement conçues sur les désordres que pouvoient occasionner ces astres passagers : *Nous devons être rassurés sur leur influence ; nous n'avons même aucune raison de craindre qu'elles puissent nuire à l'exactitude des tables astronomiques.*

En commençant ce tableau des travaux et des progrès de l'astronomie, nous nous étions proposé de le partager en trois sections, où nous aurions envisagé séparément les observations, les méthodes analytiques, et le calcul numérique. La liaison des objets nous a forcés plus d'une fois d'intervertir cet ordre ; et les deux dernières sections sont achevées, quand il nous reste encore à parler des nouvelles découvertes des observateurs : mais l'éclat et l'importance même de ces découvertes demandoient que nous en fissions un article à part, et nous ne pouvions terminer d'une manière plus généralement intéressante ce tableau des progrès de l'astronomie.

On voit bien que nous voulons parler des quatre planètes dont l'astronomie s'est enrichie de nos jours.

Mercure, Vénus, Mars, Jupiter et Saturne, étoient connus de toute antiquité ; il ne falloit que des yeux pour les apercevoir, et un peu d'attention pour reconnoître leurs mouvemens propres. Ptolémée nous a conservé les premières tentatives qu'on a faites pour mesurer ces mouvemens ; mais rien n'indique ceux qui les ont remarqués les premiers. Long-temps on avoit cru que ces planètes étoient les seules : en y joignant le Soleil et la Lune, on formoit le nombre de sept, nombre mystérieux et révéré ; on a même été jusqu'à vouloir prouver qu'il ne sauroit y en avoir un plus grand nombre. Pour le démontrer, Kepler inscrivoit les uns aux autres les cinq corps réguliers, et par-là il expliquoit les distances ; puis il employa ces distances, qui, sur un monocorde, donneroient les sept tons de la gamme. Les astronomes, sans adopter ces raisonnemens, étoient loin de soupçonner l'existence d'autres planètes, et plus éloignés de passer leur temps à les chercher.

Quand les lunettes eurent fait découvrir les quatre satellites de Jupiter et le plus gros des satellites de Saturne, le nombre des corps circulant autour du Soleil, en remettant

la Terre à sa vraie place, montoit jusqu'à douze ; et
Huyghens, qui avoit complété ce nombre, eut la foiblesse
de prétendre démontrer qu'il étoit irrévocablement fixé.
On a depuis découvert six satellites de plus à Saturne,
six a Uranus ; le nombre total étoit doublé, et personne
ne prétendoit plus qu'il ne restoit rien à découvrir. Cependant Kepler même, qui vouloit borner à sept le nombre
des planètes, avoit été conduit à soupçonner l'existence de
deux planètes, l'une entre Mars et Jupiter, l'autre entre
Mercure et Vénus. Celle que M. Herschel découvrit en
1781, ne remplissoit ni l'un ni l'autre de ces vides ; car
elle se trouve placée tout-à-fait à l'extrémité du système,
ou du moins de la partie que nous connoissons.

Cette planète avoit été observée six fois, en différens
temps, comme simple étoile fixe ; et l'on conçoit, en effet,
qu'un astre qui met quatre-vingt-deux ans à faire le tour
du ciel, ne peut avoir en quelques jours qu'un mouvement
presque imperceptible. Ce ne fut pas même ce mouvement
qui la fit connoître. M. Herschel, aidé du grand pouvoir
amplificatif de ses télescopes, en faisant la revue du ciel
pour y noter tout ce qui auroit une apparence un peu
extraordinaire, aperçut aux pieds des Gémeaux un astre
d'une lumière foible, et qui dans nos lunettes ne lui auroit
semblé qu'une étoile de cinquième ou sixième grandeur,
mais auquel il reconnut un disque rond, bien terminé ;
ce qui est un des caractères distinctifs d'une planète.
M. Herschel suivit assidument son nouvel astre, pour
mesurer ce diamètre ; le mouvement, quelque lent qu'il
fût, ne put échapper à cet examen attentif : mais on étoit
si loin de supposer la possibilité d'une planète inconnue,

que M. Herschel, en faisant part aux astronomes de sa découverte singulière, ne leur parloit cependant que d'une comète, mais sans nébulosité, sans queue, c'est-à-dire, sans aucun de ces signes auxquels on reconnoît une comète. Le calcul ne tarda pas à montrer que cet astre étoit à une distance considérable ; et le président Saron, de l'Académie des sciences, en fit la première remarque : il plaçoit Uranus à une distance au moins douze fois aussi grande que celle de la Terre au Soleil. On a su, depuis, que la distance est d'environ vingt fois le rayon de l'orbite terrestre ; et l'on demeura persuadé que s'il existoit encore d'autres corps dans le système solaire, ils devoient être à une distance telle, qu'il seroit bien difficile de les apercevoir, et qu'ils ne nous seroient par conséquent que d'une utilité fort douteuse.

Un hasard extrêmement heureux, mais préparé par un travail immense, fit apercevoir à M. Piazzi, le 1.er janvier 1801, une étoile inconnue, que, d'après son habitude constante, il voulut observer plusieurs jours de suite pour en mieux constater la position. Il en fit deux autres observations ; mais la troisième étoit incomplète. Il reconnut un mouvement, et soupçonna une planète nouvelle. Pour vérifier ce soupçon, il comptoit suivre assidument le nouvel astre : une maladie dangereuse, causée par un travail excessif, manqua faire périr l'astronome avec sa découverte. Quand il fut rétabli, la planète, qu'il nomma depuis *Cérès,* avoit disparu dans les rayons du Soleil ; le peu d'observations qu'il en avoit, ne suffisoit pas pour donner une orbite assez sûre : la planète est presque imperceptible ; elle étoit donc très-difficile à retrouver. M. Piazzi

communiqua

communiqua ses observations : tous les astronomes étoient à la recherche de la petite planète ; MM. Olbers et de Zach l'aperçurent enfin, à-peu-près dans le même temps, un an après sa première observation. MM. Gauss et Burckhardt calculèrent l'orbite et les perturbations principales ; ils nous assurèrent la possession de la nouvelle conquête, qui ne pourra plus se perdre. MM. Herschel et Schroeter, avec leurs puissans télescopes, s'efforcèrent de mesurer le dia-mètre de Cérès : mais ce diamètre est si petit, qu'il paroît échapper à toute mesure ; et c'est la raison, sans doute, qui fait que ces deux observateurs ne sont nullement d'accord entre eux. Suivant M. Herschel, le diamètre n'est pas d'une demi-seconde ; il seroit quadruple, selon M. Schroeter. Quoi qu'il en soit, Cérès est au moins d'une extrême petitesse. Mais ce n'est pas encore ce que cette planète offre de plus singulier : elle se trouve à-peu-près à la place où les idées de Kepler indiquoient une planète inconnue. Cette espèce de prédiction, qui n'avoit nulle-ment frappé les astronomes des autres pays, avoit été plus accueillie en Allemagne : on y avoit formé un plan métho-dique pour découvrir la planète de Kepler. Le travail dis-tribué entre plusieurs astronomes célèbres ne produisit ce-pendant rien pour le moment ; ce qui prouve la longueur et la difficulté de ces recherches, qui découragent ordi-nairement les astronomes de profession, qu'on n'accusera pourtant pas de manquer de patience : mais ils ont ordinai-rement à faire de leur temps un emploi qui leur promet des résultats plus certains, quoique moins brillans. Ce qu'on ne put trouver alors par des moyens directs, M. Piazzi l'avoit trouvé en cherchant autre chose. Cette rencontre,

Sciences mathématiques.   T

presque inespérée, ramena plus fortement à l'idée de Kepler ; on disserta sur le rapport que ce grand homme avoit cru entrevoir dans les distances des différentes planètes au Soleil, ou plutôt dans la marche des différences premières et secondes de ces distances : mais, quoi qu'on fît, on ne put sauver quelques dissonances ; et les anomalies de ces différences, quoique médiocrement sensibles quand on les compare aux distances absolues de Jupiter, Saturne et Uranus, sont telles, qu'elles surpassent le premier terme de la progression, c'est-à-dire, la distance de Mercure au Soleil. On fut donc obligé de renoncer à ce rapport prétendu : mais la planète nous reste ; et si une idée qui, à l'examen, s'est trouvée dépourvue de fondement, a contribué à faire trouver ou retrouver la planète, ce sera un exemple de plus des heureux effets qu'ont produits quelquefois des aperçus peu exacts et des systèmes entièrement erronés. Ainsi Kepler lui-même avoit dû aux propriétés chimériques qu'il attribuoit aux nombres, la découverte d'une de ces lois admirables qui régissent le système du monde, le rapport des carrés des révolutions aux cubes des distances.

M. Olbers, pour retrouver plus sûrement Cérès, avoit fait une étude particulière de toutes les petites étoiles qui composent les constellations qui se trouvent sur la route ; il recueillit bientôt un fruit inattendu de cette pénible étude. En continuant d'observer les régions du ciel qu'il avoit long-temps explorées, il aperçut une nouvelle planète, à laquelle il a donné le nom de *Pallas*. Cette planète est encore plus petite que Cérès ; et, chose beaucoup plus extraordinaire, elle fait sa révolution dans un temps égal, et par conséquent à même distance du Soleil. Ces deux circonstances réunies lui firent soupçonner que ces deux planètes imperceptibles, et hors de toute proportion avec les planètes connues, devoient être des fragmens d'une ancienne planète de grosseur ordinaire, et qu'une cause inconnue avoit pu diviser en différens morceaux, qui auroient continué de se mouvoir avec la même vîtesse et à la même distance. Quoi qu'on puisse penser de cette idée, qui n'est fondée sur aucun principe ni sur aucun fait certain, et à laquelle la théorie des mouvemens célestes pourroit même opposer quelques objections, on ne peut disconvenir au moins qu'elle ne soit fort ingénieuse; et les suites heureuses qu'elle a produites, font que nous n'avons qu'à féliciter l'astronome qui l'a conçue, et qui l'a prise pour base de recherches très-pénibles et non moins heureuses.

Cette similitude de dimensions, de mouvemens et de distances, a fait conjecturer à M. Olbers que toutes les orbites de ces fragmens planétaires pouvoient bien avoir une inclinaison un peu différente avec l'écliptique, ce qui pouvoit être un des effets du choc et de l'explosion qui les avoient séparés; mais qu'ils devoient conserver une intersection commune avec le plan primitif, des nœuds communs, c'est-à-dire, des points où toutes ces orbites devoient se couper, et ou ces planètes devoient passer une fois dans chaque révolution. Il restoit à déterminer ces points, et le problème n'offrit plus aucune difficulté, dès qu'on eut acquis une connoissance exacte des orbites de Cérès et de Pallas. M. Olbers trouva que ces points opposés étoient, l'un dans la Vierge, et l'autre dans la Baleine.

C'étoient donc là les deux régions du ciel qu'il falloit particulièrement étudier et visiter à différentes époques de l'année, pour y saisir au passage les fragmens encore inconnus de l'ancienne planète.

Pour faciliter encore cette recherche, M. Harding exécuta en douze grandes feuilles le zodiaque de Cérès ; il y marqua non-seulement toutes les étoiles inscrites dans les différens catalogues, toutes celles que contient l'Histoire céleste Françoise, c'est-à-dire, le livre où M. Lalande neveu a consigné les observations de ses cinquante mille étoiles, mais il y joignit toutes celles qu'il put apercevoir lui-même, et qui avoient jusqu'alors échappé à tous les astronomes.

En comparant ses cartes au ciel, M. Harding aperçut dans la Baleine une étoile nouvelle : c'étoit encore une planète ; c'étoit une sœur des précédentes : encore même petitesse, même distance et même révolution ; ce qui donnoit un nouveau poids à la conjecture de M. Olbers. La planète, qu'on a depuis nommée *Junon*, avoit d'ailleurs été trouvée dans une de ces régions du ciel où elles doivent toutes passer. Enfin M. Olbers, ayant cherché de même à quel point la nouvelle orbite coupoit les deux autres, trouva que c'étoit au même point, précisément à leur intersection commune. Cette coïncidence parfaite dut attacher d'autant plus M. Olbers à son système, et lui donner le courage nécessaire pour suivre le plan qu'il s'étoit fait, de passer plusieurs fois par année la revue des deux constellations, où l'on avoit, en moins de cinq ans, découvert trois planètes ou fragmens de planète. D'après cette idée, qu'il a suivie avec une constance digne des succès qu'elle lui a procurés, le 4 mars dernier, M. Olbers aperçut dans l'aile de la Vierge une quatrième planète, à laquelle M. Gauss, bien digne d'imposer un nom au nouvel astre, dont il perfectionnera sans doute la théorie, comme il a commencé pour Cérès, Pallas et Junon, donna le nom de *Vesta*, sous lequel elle est déjà connue généralement.

Vesta est plus brillante que ses trois sœurs aînées ; mais son diamètre n'est guère plus considérable. Les autres sont environnées d'une nébulosité qui indique une atmosphère épaisse : celle-ci, au contraire, brille d'une lumière plus blanche et plus pure ; mais pour la grandeur, elle leur est assez semblable. Elle paroît un peu moins éloignée du Soleil : mais la différence n'est pas bien considérable ; et quand les perturbations seront connues, on saura plus exactement la révolution, et par conséquent la distance.

Le point d'intersection de cette nouvelle orbite ne coïncide pas aussi exactement que celle des trois autres ; il s'en faut de plusieurs degrés : mais cet écart est encore trop peu considérable pour qu'on en puisse rien conclure contre les idées de M. Olbers.

Quelques savans vouloient d'abord refuser le nom de *planète* à ces astres qui ont signalé le commencement du dix-neuvième siècle. Leurs raisons étoient d'abord l'extrême petitesse, qui pouvoit les faire envisager comme des corps d'un ordre inférieur ; et M. Herschel proposoit, pour les désigner, le nom *d'astéroide :* mais ces corps circulent comme les autres autour du Soleil dans des ellipses peu alongées ; ils ne sont guère plus petits par rapport à Mercure que Mercure ne l'est en comparaison de Jupiter. Les grosseurs ne sont assujetties à aucune loi ; elles ne sont

en aucun rapport avec les distances. Mars est plus petit
que la Terre, quoique plus éloigné du Soleil ; Jupiter est
beaucoup plus gros que Saturne, qui vient après, et sur-
tout qu'Uranus. On disoit encore que ces planètes ne sont
pas contenues dans l'ancien zodiaque : mais les bornes de
ce zodiaque avoient été fixées principalement par rapport
à Vénus ; il auroit été beaucoup plus étroit si l'on avoit
eu cette planète de moins. On pourroit donc l'étendre à
volonté de l'un et de l'autre pôle ; c'est-à-dire, abandonner cette idée du zodiaque, qui n'est d'aucune utilité
réelle. Rien n'empêche, en effet, qu'il n'y ait dans le ciel
des planètes dont l'orbite coupe l'écliptique à angles droits,
comme fait à-peu-près l'équateur de Vénus, comme font
les satellites d'Uranus. Il faut se garder d'établir arbitrai-
rement des observations particulières en lois générales que
forceroient d'enfreindre des observations postérieures. Au
reste, cette discussion, qui n'étoit que de mots, ne pouvoit long-temps occuper les géomètres ni les astronomes ;
et la dénomination de *planète* est maintenant universellement reconnue pour désigner les astres nouvellement
découverts, et ceux de même genre qu'on pourra découvrir encore.

Une différence plus essentielle est celle des excentricités et des inclinaisons : peu importe que ces dernières
fassent élargir le zodiaque, qui n'est guère qu'un mot en
astronomie. Pour les mouvemens réguliers, une grande
inclinaison n'introduit aucune difficulté réelle dans le
calcul des latitudes ; une grande excentricité forcera seulement les astronomes à donner plus de développemens
à la série qui exprime l'équation du centre : la table une

fois construite, le calcul elliptique n'en sera pas plus long.
Mais il n'en est pas de même pour les perturbations : les
formules, suffisantes jusqu'ici pour les planètes anciennes,
sont trop incomplètes pour les modernes. Toutes les méthodes sont des approximations ordonnées suivant les
puissances des excentricités et des inclinaisons ; tant que
les unes et les autres n'étoient que des fractions médiocres
de l'unité, les quatrièmes et cinquièmes puissances étoient
trop foibles pour mériter la peine qu'on auroit prise à les
calculer. Mais Cérès, mais Vesta, mais Pallas sur-tout,
obligent à donner aux séries une extension encore inconnue. Jusqu'ici l'on n'avoit tenu compte que des quatrièmes puissances ; pour un cas particulier, M. Burckhardt
a poussé le développement jusqu'au cinquième degré :
plus on avance, plus le calcul se complique. La classe
des sciences, qui a senti cette difficulté, l'a proposée deux
fois pour sujet de ses prix ; elle n'a reçu aucune pièce.
Le problème passe, sans doute, les forces de l'analyse
actuelle ; pour le résoudre, il faudroit des formules entièrement nouvelles dont on n'a aucune idée, et qui peut-
être sont impossibles.

Après les planètes, qui sont des conquêtes durables,
et qui ne peuvent jamais se perdre dès que les orbites
ont été calculées, les comètes pourroient paroître moins
intéressantes ; mais leur retour après une longue dispa-
rition, ce retour qui peut seul constater d'une manière
certaine le genre de la courbe qu'elles décrivent, ce retour
seroit une époque très-importante pour les astronomes.
Quelques-uns de nos contemporains ont eu cette satisfaction en 1759, en observant la comète prédite par

Halley. Ce grand astronome, le premier qui ait appliqué la théorie de Newton au calcul des comètes, en déterminant l'orbite de celles dont on trouvoit l'histoire assez détaillée dans les livres, s'étoit aperçu que trois comètes avoient exactement la même orbite, et que les passages au périhélie se faisoient à soixante-quinze ou soixante-seize ans l'un de l'autre ; et c'est d'après ces remarques qu'il avoit averti les astronomes de se tenir sur leurs gardes dès 1758 : car il est impossible, d'après la courte durée de chaque apparition, de distinguer si la comète décrit une ellipse, une parabole ou une hyperbole. Dans ces deux dernières courbes, le retour seroit impossible ; mais une comète qui a reparu, nous donne la durée de sa révolution, son grand axe, et les moyens de calculer sa route même dans les temps où il est impossible de la voir. Ces retours sont donc un des points les plus curieux de l'astronomie moderne ; et la première question que fait un astronome quand on lui communique une orbite nouvelle, est pour savoir si elle ressemble à quelqu'une des comètes connues. Quand cet espoir est trompé, la comète a perdu presque tout l'intérêt qu'elle inspiroit ; elle n'a plus d'autre utilité que celle d'engager les géomètres et les astronomes à perfectionner leurs méthodes de calcul.

Ces motifs sont encore bien suffisans pour entretenir l'émulation : aussi le nombre des astronomes et des amateurs qui s'adonnent à ces recherches, est-il plus grand que jamais. Ces découvertes, qui demandent beaucoup de constance, et qu'on n'achète guère qu'au prix de longues veilles, ont commencé la réputation de MM. Messier et Méchain : ces deux astronomes ont eu de dignes émules.

En

En France M. Bouvard et M. Pons , en Angleterre
Mlle Herschel , en Allemagne MM. Olbers et Huth,
ont porté à quatre-vingt-dix-sept le nombre des comètes
connues , qui , en 1788 , n'étoit que de quatre-vingt. Plusieurs comètes qui n'étoient qu'imparfaitement déterminées , ont été plus exactement calculées par M. Burckhardt,
d'après la méthode qu'il a perfectionnée , et d'après les
recherches qu'il a faites dans le dépôt de l'Observatoire,
où il a trouvé des observations inconnues à ceux qui
avoient anciennement calculé ces orbites.

Il nous reste à parler d'autres découvertes , sinon plus
utiles , au moins plus difficiles et plus imposantes par la
grandeur et la perfection des instrumens qu'elles exigent,
et par l'adresse et la patience de l'observateur à faire mouvoir ces énormes machines pour en tirer le parti le plus
avantageux , et voir dans le ciel des phénomènes que
personne n'avoit aperçus , dont on n'avoit nulle idée , et
qu'il est donné à si peu d'astronomes de constater par ses
propres observations. On devine aisément que nous parlons
de M. Herschel. Né avec un goût dominant et un talent
particulier pour l'optique , ses premiers essais surpassèrent
tout ce qu'on avoit de meilleur en ce genre , sans excepter
les télescopes du célèbre Short. La découverte d'une planète autant éloignée de Saturne que Saturne lui-même
l'est du Soleil , fixa sur lui les yeux de tout le monde
savant , lui valut la protection d'un prince amateur de
l'astronomie , et le mit à portée de déployer ses talens
extraordinaires. Sa planète est aujourd'hui son moindre
titre de gloire et le plus facile de ses travaux : observée cinq
fois avant lui, elle ne pouvoit échapper long-temps encore

aux astronomes. Il est à présumer que MM. le Français-Lalande et Piazzi, et les autres savans qui ont travaillé à la description du ciel, n'auroient pas laissé passer une étoile de cinquième grandeur : mais quel autre eût aperçu les deux satellites intérieurs de Saturne, et les eût distingués de cet anneau lumineux, dont ils s'écartent si rarement et si peu ? On soupçonnoit, par analogie, la rotation de toutes les planètes ; mais on peut juger, par l'incertitude qui restoit sur celle de Vénus, quelle est la difficulté de ces observations. M. Herschel détermina celle de Saturne et de son anneau. Dans le même temps où M. Laplace trouvoit en France, par ses calculs, que cet anneau ne pouvoit se soutenir sans une rotation rapide, qui devoit être de dix heures un quart, M. Herschel apercevoit sur cet anneau des protubérances, dont le mouvement ne peut s'expliquer que par une rotation de dix heures trente-deux minutes ; il fixoit le temps que Saturne lui-même emploie à tourner sur son axe ; il découvroit à Uranus six satellites, il calculoit la position de leurs orbites ; et pour que tout fût nouveau dans cette découverte, déjà si remarquable, ces orbites font un angle presque droit avec l'écliptique ; phénomène auquel nul autre ne ressemble dans notre système solaire, où toutes les révolutions annuelles s'accomplissent dans des plans peu différens de celui de l'écliptique. Ses divers télescopes, promenés dans toute l'étendue du ciel, lui montroient des spectacles aussi nouveaux qu'intéressans ; des étoiles de diverses couleurs, doubles, triples ou quadruples, réunies en groupe, en amas, en grappe. Les nébuleuses se résolvoient pour lui en étoiles entassées les unes près des autres par milliers ;

il les distinguoit des nébuleuses proprement dites, où il ne démêloit aucune étoile, ou seulement une étoile assez brillante qui en occupe le centre, tandis que le reste ne paroît que comme un nuage léger, qui n'a de consistance que ce qu'il en faut pour renvoyer une lumière imperceptible pour tout autre que pour lui. Non content de nous avoir dévoilé ces merveilles, et d'avoir ainsi agrandi à nos yeux et à notre imagination le système du monde, M. Herschel a tenté de rendre utiles tant d'aperçus nouveaux. Nous avons déjà parlé de ses idées pour mesurer la distance qui nous sépare des étoiles : les angles presque insensibles qu'il avoit à déterminer, exigeoient des moyens tout-à-fait nouveaux. Sans oser encore prononcer sur le succès de ses tentatives, on peut, sans se compromettre, assurer qu'elles sont au moins très-ingénieuses, comme toutes ses autres inventions mécaniques. Pour déterminer le disque d'une petite planète, ou l'un quelconque de ces objets qui échappent aux moyens ordinaires et connus, M. Herschel considère d'un œil le diamètre agrandi par son télescope, et de l'autre il observe un disque éclairé qu'il éloigne de lui dans la perpendiculaire, jusqu'à ce qu'il aperçoive une égalité parfaite entre le disque de la planète et le disque extérieur. Le diamètre de ce disque, divisé par la distance, doit lui donner avec précision le petit angle qu'il s'agit de mesurer ; et s'il a bien estimé l'égalité des deux diamètres apparens, s'il est sûr qu'aucune illusion optique n'a faussé son jugement, la mesure doit être parfaite. C'est ainsi qu'il a déterminé les diamètres de Cérès et de Pallas, qu'il a trouvés tous deux d'une très-petite fraction de seconde ; en sorte que ces planètes premières

seroient beaucoup plus petites que notre Lune et les satellites de Jupiter. Au lieu de disques éclairés, M. Herschel
emploie encore quelquefois des transparens. Un micro-
mètre d'une autre espèce est composé de deux lampes, qui
paroissent, à dix ou douze pieds du télescope, comme
deux étoiles de la dernière grandeur : l'observateur, sans
changer de place, peut les disposer de manière qu'elles
forment une figure égale, et semblable à celle qu'il
voit dans le télescope ; ou bien, si c'est un disque qu'il
veut mesurer, il amène ses deux étoiles factices aux deux
extrémités du diamètre. Ces moyens, aussi neufs que
simples et ingénieux, supposent, à la vérité, que l'on
connoît exactement le pouvoir amplificatif du télescope.
Les méthodes différentes que M. Herschel a successivement employées pour obtenir cette connoissance, ne l'ont
pas toujours conduit aux mêmes résultats ; la différence
peut aller à un dixième : ce qui n'empêcheroit pas que les
diamètres de Cérès, de Pallas, ne fussent connus à un
dixième près. Cependant M. Schroeter, comme nous le
verrons bientôt, les a trouvés plus considérables de beaucoup. Par des mesures du même genre, M. Herschel trouve
à Saturne une figure irrégulière, qui ne s'accorde guère avec
les idées de la mécanique rationnelle. On pourroit donc
craindre que M. Herschel n'eût cette fois tenté l'impossible,
comme il a pu se livrer un peu trop à son imagination
hardie, quand il a voulu deviner la structure du ciel, et
les mouvemens des étoiles multiples, qu'il fait circuler deux
à deux ou trois à trois autour du centre commun de gravité, dans des cercles ou des ellipses qu'il fait quelquefois
dégénérer en lignes droites.

Tant de découvertes ont dû exciter une grande émulation parmi les observateurs ; mais aucun n'avoit les moyens de M. Herschel : en leur livrant les télescopes qu'il avoit construits, il ne leur a communiqué ni son adresse ni son infatigable activité.

Il est juste pourtant d'excepter M. Schroeter, à qui nous devons une Description de la Lune, en deux volumes, avec soixante-cinq planches, où l'on trouve détaillés, avec un soin et une patience extraordinaires, les figures, les hauteurs ou les abaissemens des diverses parties de la Lune, avec les changemens réels ou apparens qu'il a pu remarquer dans une si longue suite d'observations. Hévélius avoit déjà, dans un grand et bel ouvrage, donné les figures de toutes les phases et la description des points les plus remarquables ; Riccioli, Cassini, la Hire et Mayer, avoient aussi donné des cartes sélénographiques dans différentes vues et suivant différentes méthodes. Mayer déterminoit tous les points par longitude et latitude ; les autres astronomes, après avoir déterminé quelques points par observation, se contentoient de peindre le reste comme ils le voyoient : ces différens portraits n'étoient pourtant d'une grande ressemblance ni entre eux ni avec l'original. M. Schroeter, sans donner de figure générale, s'est appliqué particulièrement à la description des différentes parties ; mais tous les détails ont été déterminés par des mesures directes. Il a pris soin d'y appliquer un calcul trigonométrique ; et toutes les dimensions qu'il donne sont exprimées en toises ou en pieds, et souvent il les a confirmées les unes par les autres. Si l'on peut regretter quelque chose dans cet immense travail, c'est de n'y rien voir sur la libration, qui intéresseroit plus particulièrement les astronomes et les géomètres.

Dans un autre ouvrage de même genre qu'il nous a donné sur Vénus, M. Schroeter ne trouvoit pas une si grande variété d'objets à décrire ; mais il avoit à décider une question singulière. Vénus tourne-t-elle sur son axe en vingt-trois heures, comme l'avoit jugé Cassini, ou bien en vingt-quatre jours huit heures, ainsi que l'avoit depuis prétendu Bianchini ? Cette planète si brillante n'offre aucune tache assez sensible pour être sûrement distinguée : les observations qu'on en peut faire ne sont jamais d'une assez longue durée, puisqu'on ne peut guère les commencer qu'en l'absence du Soleil, et que Vénus n'est jamais que peu d'heures sur l'horizon avant ou après le lever ou le coucher du Soleil. Cependant, à force de constance, et après quatorze ans de recherches, M. Schroeter est parvenu à distinguer une petite tache, qu'il vit en une heure s'avancer environ d'un huitième du diamètre de Vénus, et qui le lendemain, mais vingt-sept minutes plutôt, avoit repris sa première position : d'où il conclut la révolution à vingt-trois heures et demie, à-peu-près comme Cassini. Enfin, en décembre 1789, il remarqua que la corne australe de Vénus n'étoit plus telle qu'il l'observoit depuis dix ans, mais plus obtuse et comme arrondie ; et plus loin, sur le bord austral, il distinguoit un petit point lumineux et isolé. Ces apparences indiquoient une montagne qui couvroit de son ombre la pointe de la corne, et, dans cet espace obscur, un point plus élevé qui voyoit le Soleil : l'élévation de ce point, d'après le calcul, devoit être de seize mille toises. Ces apparences, qui changent sensiblement dans l'espace de quelques heures, indiquoient une rotation plus rapide que celle de Bianchini ; et en suivant avec assiduité les apparitions et les réapparitions de sa montagne pendant trois ans, M. Schroeter en conclut enfin la révolution de 23^h $21'$ $19''$: sur quoi il est bon de remarquer que Cassini II avoit calculé que les observations de Bianchini pouvoient s'accorder avec une rotation de 23^h $21'$ ou 23^h $22'$.

Ces mêmes considérations de la figure des cornes ont mis M. Schroeter en état de conclure la hauteur de l'atmosphère de Vénus et la durée de ses crépuscules, suivant la méthode qu'il avoit précédemment imaginée pour la Lune.

M. Schroeter, dans ses *Additions aux découvertes astronomiques,* a traité avec le même soin tout ce qui concerne Jupiter, son atmosphère, le temps de sa rotation, ses satellites, leurs grosseurs, leurs diamètres en milles allemands ; les diamètres de leurs ombres en secondes, leur atmosphère, leurs taches, leur rotation, qui lui paroît, comme celle de notre Lune, égale à la révolution périodique.

Pour Mercure, par des remarques pareilles à celles qu'il avoit faites sur Vénus, M. Schroeter est mené à cette conclusion, que le temps de sa rotation est, comme celui de Vénus, de la Terre et de Mars, de 24^h à très-peu-près, c'est-à-dire, de 24^h 4 ou $5'$; que les plus hautes montagnes ont, avec le diamètre de la planète, un rapport plus grand que celles même de Vénus, qui sont déja plus hautes que celles de la Terre ; que ces montagnes sont dans l'hémisphère austral, comme celles de la Terre, de Vénus et de la Lune ; que l'équateur est considérablement incliné à l'orbite ; enfin, que son atmosphère est semblable à celle de Vénus, et que Mercure n'a pas de bandes telles qu'on en voit dans Jupiter, Saturne et Mars.

L'auteur donne ensuite ses observations sur la nébuleuse d'Orion, laquelle renferme une partie ronde, dont la lumière paroît avoir diminué.

D'après ses observations sur la comète de 1799, vue dans un télescope de vingt-sept pieds, l'auteur croit pouvoir assurer que le noyau n'est pas une partie plus compacte et plus dense de la nébulosité, mais un corps distinct et indépendant, puisqu'il n'a pas été sujet aux mêmes variations ; que la queue, au moins pour la plus grande partie, est également indépendante et du noyau et de l'atmosphère ; enfin, que la nébulosité, dans la partie qui n'est pas tournée vers le Soleil, n'étoit pas moindre que trois mille quatre cent cinquante-cinq fois le demi-diamètre du noyau.

Il a vu le noyau sous la forme d'un disque parfaitement rond, qui n'occupoit pas toujours le milieu de la nébulosité, mais étoit près du bord le plus voisin du Soleil ; et ce bord étoit moins dense que le bord opposé.

Dans un dernier ouvrage, intitulé *Observations des trois nouvelles planètes*, M. Schroeter s'est attaché principalement à déterminer les diamètres de ces astres. Nous avons déjà dit que les mesures ne s'accordoient nullement avec celles de M. Herschel. Quelle est la cause de cette différence ? Est-ce la nébulosité ou l'atmosphère qui entoure ces planètes, qui empêche de distinguer parfaitement le noyau, le véritable diamètre ? est-ce l'impossibilité absolue de déterminer des quantités aussi petites ? C'est ce que nous
n'entreprendrons

n'entreprendrons pas de décider. M. Schroeter expose dans son ouvrage les raisons qu'il a de croire ses mesures préférables ; et pour preuve de sa persuasion et de sa bonne foi, il a pris le soin de traduire en allemand et d'annexer à son ouvrage le mémoire de M. Herschel tout entier.

Nous avons fait remarquer plus haut, comme une chose également honorable à l'analyse et à l'astronomie, que M. Laplace et M. Herschel avoient trouvé séparément, par des voies bien différentes, une rotation de 10^h ou 10$^h \frac{1}{2}$ pour l'anneau de Saturne. MM. Schroeter et Harding assurent, au contraire, que différentes fois ils ont vu sur l'anneau un point parfaitement immobile pendant plusieurs heures ; ce qui renverseroit l'hypothèse de la rotation. On ne peut ici, comme dans la question des diamètres de Cérès et de Pallas, supposer de part et d'autre une petite erreur qui ait écarté les observateurs de la vérité dans des sens contraires ; il n'y a point de terme moyen entre le mouvement et le repos : l'une des deux observations doit être nécessairement fausse ou mal interprétée ; et en attendant que les astronomes les aient répétées ou mieux expliquées, il est difficile de ne pas se ranger du parti de la théorie, qui paroît exiger une rotation.

QUAND une science fait des progrès aussi rapides que l'ont été dans ces derniers temps ceux de l'astronomie, les traités qui en exposent les principes, les théories et les faits principaux, ne sauroient être long-temps complets : aussi M. Lalande, qui, en 1764, avoit donné en ce genre l'ouvrage le plus instructif et le plus étendu, avoit été, dès 1770, obligé de le refondre en partie et d'y ajouter

TRAITÉS.

Sciences mathématiques. X

un volume. Il en donna, en 1792, une edition bien supérieure encore à la seconde, et dans laquelle on ne peut
cependant trouver nombre de méthodes qui étoient alors
ou totalement inconnues, ou peu répandues. Depuis ce
temps, la partie physique sur-tout a reçu des accroissemens considérables qui ont changé la face de la science.
M. Schubert, dans un traité écrit en allemand, et imprimé
à Pétersbourg en 1798, s'est attaché spécialement à la partie
physique, et il a développé les méthodes nouvelles pour
le calcul des perturbations de toutes les planètes ; il s'est
attaché à donner des formules analytiques pour tous les
problèmes d'astronomie sphérique : mais la pratique n'en-
troit pas dans son plan ; et son ouvrage est seulement un
supplément nécessaire au grand ouvrage de M. Lalande,
sur lequel se sont formés presque tous les astronomes qui
existent actuellement.

M. Vince a donné, en 1797, sous le titre de *Système
complet d'astronomie*, un ouvrage en deux volumes *in-4.º*,
que les astronomes pourront lire avec fruit, mais qui est
beaucoup moins développé que les précédens. En 1790,
il avoit publié un autre volume, où il ne parle guère que
des instrumens nouveaux que l'on avoit alors : ainsi l'on
n'y trouve ni la description du cercle entier de Ramsden,
qui est à Palerme, ni celle du grand secteur du même
artiste, non plus que celle des instrumens de Troughton,
et encore moins celle des instrumens qui n'ont point été
construits en Angleterre.

M. Biot a composé, pour l'usage des lycées, un Cours
d'astronomie en deux volumes *in-8.º* Cet ouvrage tient
plus qu'il ne promet, et les astronomes de profession y

trouveront des formules et des idées dont ils pourront tirer un parti avantageux.

M. Burja vient de publier en allemand le cinquième volume de ses Leçons d'astronomie, qui, malgré leur étendue, ne paroissent pas destinées spécialement aux astronomes.

ON peut regarder comme un fait constant, que tous les ouvrages qui ont été publiés jusqu'à présent sur la géographie, soit anciens, soit modernes, ont été composés d'après les cartes qui existoient du temps de leurs auteurs : mais les cartes de tous les temps, celles même des géographes modernes les plus célèbres, présentent des différences énormes à l'égard de plusieurs parties du globe ; et cependant la vérité est une.

Pour avoir une véritable géographie, une description fidèle de la surface de la terre, il faut donc commencer par se procurer des cartes exactes des terres et des mers dont elle se compose ; et pour avoir de telles cartes, il faut les construire rigoureusement d'après des opérations géométriques et des observations astronomiques bien constatées. Les opérations faites dans ces derniers temps pour connoître la différence de longitude des observatoires de Paris et de Londres, et celles qui ont eu lieu pour la nouvelle mesure de la méridienne de la France, sont des modèles qui ne laissent rien à desirer, et il suffit de les imiter.

Les cartes des mers peuvent se rectifier également par les résultats satisfaisans qu'on obtient aujourd'hui de la marche des horloges et montres marines, des observations

X 2

des distances de la lune au soleil et aux étoiles, et des autres phénomènes célestes. Ces observations, nécessaires au navigateur pour connoître chaque jour la position du vaisseau et diriger sa route en conséquence, lui donnent lieu de déterminer en même temps la position de tous les objets qui se présentent à sa vue, et d'accroître ainsi la masse des connoissances positives et fondamentales de la géographie. Il est constant que ces moyens imaginés pour la sûreté de la navigation ont fait faire plus de progrès à la géographie pendant les trente dernières années qui viennent de s'écouler, qu'elle n'en avoit fait depuis deux siècles. Le grand Océan, dont on n'avoit qu'une idée confuse avant les voyages de Bougainville et de Cook, est aujourd'hui beaucoup mieux connu que la mer Méditerranée, où l'on navigue tous les jours depuis plusieurs milliers d'années.

Quelque habile que soit un géographe, il lui est impossible d'obtenir par tout autre moyen des résultats bien exacts et satisfaisans. Chaque jour qui est marqué présentement par une nouvelle découverte, lui fait apercevoir des erreurs dans les cartes qu'il a construites avec le plus de soin : il est obligé de revenir sur ses pas à chaque instant, de faire de nouvelles recherches pour établir un nouveau plan, et toujours sans avoir la certitude ni même l'espoir du succès.

On a aujourd'hui tous les moyens de bien faire : des instrumens plus parfaits, qui donnent les mesures avec la plus grande précision, et qu'on peut transporter par-tout ; des méthodes de calcul plus simples et plus exactes, qui abrégent et assurent en même temps les opérations ; des modèles pour tous les genres de travaux ; enfin l'avantage de pouvoir opérer sur le globe entier, au moyen des relations de commerce et de la navigation qui en embrassent présentement toutes les parties. Avec ces avantages et la considération que lui donnent l'utilité et l'importance de ses connoissances, la géographie, dont la marche a été si lente, doit faire maintenant les progrès les plus rapides ; et l'on peut espérer que le siècle qui commence, ne finira pas sans jouir d'une description exacte et complète de toutes les parties du globe.

Dans l'exposé que nous allons faire des progrès de la géographie depuis 1789, nous indiquerons d'abord les ouvrages qui traitent de la science en général, ou qui ont fourni des moyens de la perfectionner ; nous exposerons ensuite, et dans un ordre géographique (pour éviter les répétitions), ce qui a été fait pour chacune des quatre parties du monde ; et nous terminerons par les voyages entrepris pour des découvertes, ou qui nous ont procuré des connoissances nouvelles sur diverses parties du globe.

Nous avons déjà parlé, à l'article GÉODÉSIE, de la méridienne de Dunkerque et Barcelone, ainsi que des ouvrages où le major général Roy a rendu compte de ses opérations dans le sud de l'Angleterre : nous nous contenterons d'indiquer ici la suite de ces belles opérations, décrites de la manière la plus exacte dans les Transactions philosophiques par M. le capitaine Arnoldt et M. Dalby. On doit y joindre l'Histoire de la mesure du temps, que vient de publier M. Ferdinand Berthoud, et dans laquelle il dévoile le secret des horloges et des montres à longitude, qui sont aujourd'hui si utiles à la géographie. La construction de ces belles machines étant devenue plus facile, il y a tout lieu d'espérer que leur usage deviendra plus commun tant sur terre que sur mer, et que les résultats heureux qu'elles fournissent se multiplieront à l'infini.

A la suite de ces grands et importans travaux, qui tendent à établir les connoissances géographiques sur une base solide, viennent se placer divers ouvrages périodiques que nous avons vu naître depuis 1789, et qui doivent avoir une grande influence sur les progrès de la géographie. L'Allemagne nous offre les Éphémérides géographiques, rédigées par M. le baron de Zach. On trouve dans ce journal le résultat de toutes les observations astronomiques et des opérations géodésiques qui ont lieu dans les diverses parties du monde, des extraits de ce qu'il y a de plus intéressant pour la science dans les nouvelles relations de voyages, une analyse des mémoires ou dissertations qui peuvent ajouter à la masse des connoissances, l'annonce de toutes les cartes que l'on publie, avec une copie de celles qui présentent quelque découverte nouvelle, et généralement tout ce qui peut intéresser les amateurs de la géographie.

Nous avons en France, depuis quelques années, le Mémorial topographique et militaire, qui se rédige au dépôt général de la guerre par ordre du Ministre. Cet ouvrage donne aux ingénieurs-géographes toutes les instructions dont ils peuvent avoir besoin : il les suit dans toutes les opérations qu'ils ont à faire, en examine jusqu'aux moindres détails, et prescrit pour tous les règles les plus sûres pour obtenir du succès. Conçu par un Ministre éclairé qui connoît tout le prix de l'exactitude, et dirigé

par un chef également instruit et plein de zèle pour le
progrès des lumières, ce Mémorial doit faire époque dans
la géographie pour les méthodes de précision qu'il recommande, et dont on trouvera l'application sur les diverses
cartes dont l'exécution est confiée au dépôt de la guerre.

Nous avons encore sur la statistique divers ouvrages
destinés à recueillir et à repandre les connoissances particulières sur tous les objets qui constituent la force et la
richesse des nations, tels que la nature des terres, les
avantages de leur position, leurs productions, les manufactures, le commerce, la population, l'état des sciences
et des arts, et les qualités physiques et morales des peuples.
Cette partie de la géographie n'avoit été cultivée avec
intérêt qu'en Allemagne, et elle ne pouvoit offrir encore
des résultats satisfaisans que sur les divers États dont se
composoit cet empire. Depuis le peu de temps qu'on s'en
occupe en France, elle y a fait les plus grands progrès, au
moyen de l'attention particulière et des secours que le
Gouvernement François donne à tous les travaux utiles.
Les préfets des départemens ont été invités à recueillir et
à transmettre au Ministre de l'intérieur les renseignemens
les plus précis sur toutes les questions qui sont du ressort
de la statistique. A l'égard des matériaux nécessaires pour
avoir une bonne géographie, c'est du temps qu'il faut les
attendre.

Parmi les ouvrages nouveaux qui ont le plus contribué
aux progrès de la science, nous citerons la dernière édition
de la Géographie de William Guthrie, les Élémens de
cosmographie de M. Mentelle, et enfin la Géographie
moderne de John Pinkerton, dont il vient de paroître

une seconde édition en trois volumes *in-4.°*, dans laquelle l'auteur aura sans doute beaucoup amélioré son ouvrage, qui contenoit déjà les renseignemens les plus précieux sur l'état actuel de la science, mais mêlés quelquefois d'opinions erronées et de détails trop étrangers à la géographie.

Nous citerons encore, malgré ses défauts, le *Naval Gazetteer* de Masham, comme un ouvrage très-utile qui manquoit à la géographie.

Il est de la plus grande importance pour les Gouvernemens de connoître exactement, et dans le plus grand détail, leurs possessions, celles des États limitrophes, ainsi que les diverses contrées avec lesquelles ils ont des relations particulières; et c'est à cet intérêt, bien reconnu aujourd'hui, qu'il faut attribuer les progrès immenses que la géographie a faits en Europe dans ces derniers temps. La France avoit donné l'exemple de ce qu'il falloit faire pour obtenir cette connoissance, en construisant, d'après des mesures rigoureuses, la grande carte de son territoire, dont elle jouit depuis quelques années; elle fait connoître aujourd'hui les avantages qui en résultent, par l'empressement avec lequel elle ordonne de nouvelles dépenses très-considérables pour avoir une carte semblable des contrées qui viennent d'être réunies à ses anciennes possessions. Cette nouvelle démarche ne peut qu'encourager les puissances qui avoient déjà commencé à suivre cet exemple, et exciter les autres à les imiter. Les espérances que nous concevons sont fondées sur l'état actuel de la géographie de l'Europe, dont nous allons rendre compte.

La France a, en ce moment, des ingénieurs dans la

Belgique,

Belgique, les départemens du Rhin, la Savoie et le Pié-
mont, qui en lèvent des plans exacts et détaillés, sur la
même échelle que la carte de Cassini ; elle vient de faire
lever et sonder, avec la plus grande exactitude, le cours
de l'Escaut, depuis Anvers jusqu'à la mer, et tous les bancs
de la côte, depuis l'Escaut jusqu'à Dunkerque, où la navigation est extrêmement difficile et dangereuse. Elle alloit
reprendre le travail important de la reconnoissance de
toutes ses côtes, commencé par MM. la Bretonnière et
Méchain, et exécuté déjà depuis Dunkerque jusqu'à Saint-
Malo ; mais ce travail n'est point respecté par la guerre,
quoiqu'il soit un bienfait pour toutes les nations commer-
çantes. Un autre exemple donné par la France, et qui
doit accélérer les progrès de la géographie, est l'établissement du dépôt de la marine, destiné au perfectionnement des cartes de navigation, et l'établissement du
bureau des longitudes, pour l'avancement de l'astronomie,
de la navigation et de la géographie. On compte aujour-
d'hui des dépôts de marine en Espagne, en Angleterre, en
Hollande, en Danemarck et en Suède, et tous se sont
fait connoître par des travaux utiles. La Hollande a déjà
son bureau des longitudes, et c'est sous sa direction qu'ont
été faites les nouvelles cartes de la mer Baltique et de la
Manche qu'elle vient de publier.

La Hollande connoît l'importance de la géographie, par
le débit qu'ont eu de leurs cartes les Blaeu, les Jansson,
les Vankeulen : elle s'empressera sans doute de rectifier et
d'établir sur des bases solides les plans détaillés qu'elle
a déjà de toutes ses possessions.

En Suisse, le professeur Trallés avoit mesuré récemment

Sciences mathématiques.   Y des triangles et des bases, pour lier la carte des cantons de Berne, de Bâle et de Soleure, avec celle de France. Les nouveaux liens d'amitié et de bienveillance qui unissent maintenant ces deux États limitrophes, ont procuré à la Suisse les moyens de continuer ces mesures dans toute l'étendue du pays. Des ingénieurs François ont été envoyés pour coopérer à ces travaux, et bientôt on jouira d'une topographie exacte et complète de cette contrée intéressante sous tant de rapports, et que l'on va visiter de toutes les parties du monde.

En Allemagne, où, de tout temps, on avoit senti le besoin de cultiver la géographie avec attention, les cartes s'étoient multipliées à l'infini, sans en devenir plus exactes. Les changemens survenus dans l'état politique de l'Allemagne nécessitent aujourd'hui la construction de nouvelles cartes ; et tout porte à croire qu'elles seront établies sur des bases solides. Dès les premiers jours de la paix conclue par le traité de Lunéville, des triangles furent mesurés dans la Bavière et la Souabe, et toutes les opérations géodésiques y ont été continuées jusqu'aujourd'hui. Le roi de Prusse avoit aussi ordonné les mêmes opérations pour ses nouveaux États, et c'est le célèbre astronome de Zach qui avoit été choisi pour la mesure des grands triangles. La rédaction que l'on vient de publier en France de la belle carte du Tyrol, peut donner une idée de l'importance que l'Autriche attache à ces connoissances, et de ce que l'on doit attendre de sa part pour la perfection de la géographie de l'Allemagne.

Le Danemarck, qui a commencé le premier à marcher sur les traces de la France, termine en ce moment les dernières feuilles de la carte topographique du Danemarck proprement dit. Il s'est occupé en même temps de rectifier les cartes de Kattegat et d'une partie de la mer Baltique, celles des côtes de la Norvége et de l'Islande, ainsi que les plans de ses établissemens en Amérique; et nous lui devons des détails intéressans sur toutes ces parties, qui étoient très-peu connues, quoiqu'assez fréquentées.

La Suède a commencé par lever géométriquement toute la partie de ses côtes et par reconnoître la mer Baltique dans toute son étendue ; il en est résulté une suite de cartes dressées avec le plus grand soin par le vice-amiral Norden-Mark, et qui ont mérité des éloges de la part des navigateurs de toutes les nations de l'Europe qui en ont fait usage. De nouveaux triangles ont été formés dans l'intérieur pour la topographie de ce royaume, et ce travail se continue avec la plus grande activité.

La Russie, dont la capitale et le principal port se trouvent situés à l'extrémité d'un des bras de la mer Baltique, ne pouvoit être indifférente aux travaux entrepris par les autres puissances pour la sûreté de la navigation dans cette mer. Au commencement de 1791, le prince de Nassau-Siegen, amiral et chef de la flottille à rames, reçut ordre de l'impératrice Catherine II de faire lever le plan du golfe de Finlande et des skiares de la Baltique. Ce travail s'exécuta avec toute l'exactitude possible ; mais il fut interrompu en 1795, et la carte qui en fut dressée n'existe encore que dans le cabinet de Pétersbourg. La sagesse du chef actuel de cet empire ne permettra pas qu'un si beau travail demeure incomplet et inutile ; il a donné des ordres dans tous les départemens pour y faire procéder à la construction de

nouvelles cartes, et des vaisseaux sont partis de ses ports
pour un voyage de découvertes autour du monde.

C'est en Espagne, et par les soins de son Gouvernement, que la géographie a fait le plus de progrès depuis
1789. Toutes les côtes de ce royaume ont été reconnues
et décrites avec la plus grande exactitude par Don Vincent
Tofiño, qui avoit accompagné Borda dans son dernier
voyage aux Canaries, et l'avoit vu construire la belle
carte que nous avons de cet archipel. D'après ce modèle,
Tofino a fait ensuite la carte des îles Açores, qui sont
des points de reconnoissance très-importans pour les vaisseaux qui reviennent de l'Amérique et des Indes. Le savant
Malespina fut envoyé à la recherche d'un détroit qu'on
disoit avoir été découvert anciennement par un Espagnol,
et toute la côte nord-ouest de l'Amérique fut visitée et
examinée avec la plus grande attention : il fut chargé
ensuite d'un voyage autour du monde. D'autres officiers
également instruits furent employés à reconnoître les côtes
de toutes les possessions Espagnoles en Amérique, à lever
des plans détaillés des ports, et à déterminer la position des principaux points par des observations exactes.
A l'exception du voyage de Malespina, dont la relation
est desirée de toute l'Europe, les résultats des travaux
des Espagnols ont été publiés par le dépôt de la marine
de Cadix, et offrent des secours abondans pour l'avancement de la géographie. L'Espagne a encore expédié
une frégate dans la mer Méditerranée, pour reconnoître
les côtes de l'Asie mineure, de la Syrie, de l'Égypte et de
la Barbarie, jusqu'au cap Bon, et déterminer la position
des principaux points, espérant terminer avec ce secours

la carte de cette mer qu'elle a commencé de publier. Nous jouissons du résultat de cette expédition, qui avoit été confiée à M. Galiano ; et le bureau des longitudes s'est empressé de publier ces nouvelles déterminations dans la Connoissance des temps de 1809. Une carte topographique et détaillée de l'Espagne doit couronner ces travaux.

Le Portugal forma, en 1790, le projet d'une carte semblable de son pays, et il fit faire pour cela de très-beaux instrumens en Angleterre ; mais ce projet n'eut pas de suite. Une Société royale de marine, établie en 1798, a produit déjà plusieurs mémoires de géographie, le projet d'un Neptune Portugais, et des journaux de voyage. Des observations astronomiques ont été faites à Rio-Janeiro et autres lieux du Brésil pour en déterminer la longitude, et une chaîne de triangles a été formée le long de la côte du Portugal, pour en fixer le gisement et la position des principaux points. En marchant ainsi sur les traces de l'Espagne, le Portugal, qui a, comme elle, de grandes possessions en Amérique et des établissemens de commerce dans les autres parties du monde, peut ajouter de nouveaux progrès et des découvertes intéressantes à ceux que la géographie lui doit déjà. Les renseignemens qu'il doit avoir sur l'intérieur de l'Afrique, où se portent aujourd'hui tous les regards, pourroient diriger plus sûrement des recherches tentées de sa part, et conduire à des résultats heureux.

La cour de Naples avoit fait faire par des officiers de marine une reconnoissance des côtes de l'Italie méridionale, et elle a publié une suite de cartes qui en présentent tous les détails et les sondes. Elle publie maintenant, avec autant de détails, une carte topographique de la même partie de ses États, d'après les plans particuliers qu'elle en avoit, et que son géographe, le savant Rizzi Zannoni, assujettit aux observations astronomiques. La géographie du reste de l'Italie a été rectifiée en partie dans les belles cartes des campagnes du général BONAPARTE, d'après les reconnoissances militaires et tous les plans auxquels elles ont donné lieu ; mais il falloit des opérations géométriques pour lui donner l'exactitude et la précision nécessaires, et elle jouit aujourd'hui de cet avantage.

La cour de Constantinople a appris, par le Voyage en Grèce de M. de Choiseul-Gouffier, par les travaux de MM. Truguet et Tondu sur la côte nord de l'Archipel, et par les observations de Beauchamps sur la côte sud de la mer Noire, que toutes les cartes de la Turquie publiées jusqu'à présent étoient extrêmement défectueuses. Elle a reconnu aussi l'importance et tout le prix des connoissances géographiques, par les travaux immenses qui ont été faits en Égypte pour en lever la carte ; elle secondera, sans doute, les opérations des savans qui visiteront désormais ses côtes, et leur facilitera les moyens de multiplier leurs observations.

Tout le monde connoît ce que l'Angleterre a fait pour les progrès de la géographie, qui ont été ensuite si utiles à sa navigation et à l'étendue de son commerce. Après avoir parcouru toutes les mers, visité toutes les îles, et fixé leurs positions, elle a entrepris, depuis 1789, une reconnoissance exacte de la côte nord-ouest de l'Amérique, celle des côtes de la Nouvelle-Hollande, et la découverte de l'intérieur de l'Afrique, la seule partie du globe qui reste inconnue aujourd'hui. Elle s'est occupée en même temps des moyens de perfectionner la géographie de ses possessions en Europe ; et, quoiqu'elle eût déjà un grand nombre de cartes très-détaillées et assez exactes de la plupart de ses provinces, elle a jugé nécessaire d'en faire une nouvelle, fondée uniquement sur des opérations géométriques comme la carte de France. Ce travail important, commencé par le général Roy, se continue avec la plus grande activité, et il en a déjà été publié plusieurs feuilles pour la partie méridionale de l'Angleterre. Un tel exemple, donné par une nation rivale, suffit pour démontrer tous les avantages de la méthode adoptée pour la construction de la carte de France, et doit engager les autres puissances de l'Europe a l'imiter.

Il résulte de l'exposé que nous venons de faire des progrès de la géographie de l'Europe depuis 1789, que cette science marche à grands pas vers sa perfection.

Il est d'usage, dans tous les livres de géographie, de placer l'Asie immédiatement après l'Europe, ensuite l'Afrique et l'Amérique ; mais un ordre plus méthodique qu'exige l'état actuel de nos connoissances, et que nous indiquons ici pour le progrès de la science, est de placer l'Afrique après l'Europe, et comme la suite d'un même continent, parce que les côtes occidentales de l'Europe et de l'Afrique, réunies, forment le pendant des côtes orientales de l'Amérique, et que ces deux côtes opposées sont les limites de l'océan Atlantique, l'une des grandes divisions du globe adoptées par les marins.

Il n'y a guère qu'environ vingt ans que la géographie

de l'Afrique a commencé à faire quelques progrès ; auparavant, sa marche avoit été, pour ainsi dire, rétrograde. Tandis que les cartes des autres parties du monde s'enrichissoient chaque jour de nouvelles connoissances, les cartes d'Afrique perdoient de celles qu'elles avoient admises précédemment, et les déserts s'y multiplioient de plus en plus. La carte de d'Anville, qui a fait justice de tous les détails vagues et incertains, nous donne l'état exact de cette partie de la géographie, et l'on y voit que l'intérieur de cette vaste contrée est encore inconnu. Il seroit long et peut-être difficile d'indiquer les causes d'une ignorance aussi étrange, à l'égard d'un pays si proche de l'Europe : ces causes doivent céder aujourd'hui aux efforts de l'enthousiasme pour les découvertes, au courage qu'inspire le succès de tant de voyages entrepris dans ces derniers temps, où l'on a su braver tous les dangers et vaincre tous les obstacles.

Au défaut de connoissances modernes sur l'intérieur de l'Afrique, d'Anville avoit eu recours à celles des anciens, dont il avoit fait une étude particulière ; et c'est d'après la Géographie de Ptolémée qu'il avoit tracé le cours des fleuves *Gir* et *Nigir*. En 1787, un mémoire sur la Géographie de Ptolémée, lu à l'Académie des sciences par M. Buache, et publié dans le recueil de ses Mémoires, fit naître des doutes sur l'application que d'Anville avoit faite de ces deux fleuves. Suivant l'opinion de ce savant géographe, le Gir de Ptolémée est une branche du Nil, qu'il place à l'ouest de la Nubie ; et le Nigir est le grand fleuve qui arrose la Nigritie, et duquel il suppose que le pays a pris ce nom. Suivant M. Buache, le Gir est

le

le fleuve qui arrose la Nigritie, celui que les habitans du pays nomment *Nil al Soudan* ou *Nil des Nègres,* et le Nigir est le fleuve connu aujourd'hui sous le nom de *Sénégal.* Des opinions si différentes prouvent l'incertitude des connoissances, tant anciennes que modernes, à l'époque d'où nous devons suivre les progrès de la géographie. M. Buache s'est borné à énoncer son opinion dans le mémoire qu'il a publié : il devoit en exposer les motifs dans un autre mémoire ; mais il crut devoir attendre le résultat des tentatives qui furent projetées aussitôt en Angleterre pour la découverte de l'intérieur de l'Afrique.

Au commencement de 1788, il se forma à Londres une société qui souscrivit pour une somme considérable, destinée à des voyages de découvertes dans cette partie du monde. M. le chevalier Banks étoit un des souscripteurs, et son zèle pour le progrès des sciences fit commencer aussitôt l'exécution de ce beau projet. La société envoya, en 1788, M. Lediard au Caire, et M. Lucas à Tripoli. Les renseignemens qu'ils s'étoient procurés ont été publiés par la société, dans un ouvrage intitulé *Proceedings of the association for promoting the discovery of the interior parts of Africa ;* ils étoient très-satisfaisans, et ne pouvoient qu'exciter de plus en plus la curiosité.

En 1790, la société fit partir le major Houghton, qui prit sa route par la rivière de Gambie ; il devoit pénétrer jusqu'au Niger, déterminer le cours de ce fleuve, et visiter les villes de Tombouctou et de Houssa. Cette dernière, dont le nom avoit été inconnu jusqu'alors, étoit, suivant les rapports d'un Arabe nommé *Shabeny,* qui y avoit résidé deux ans, la capitale d'un puissant empire, qui

Sciences mathématiques.   Z surpassoit en richesses et en grandeur tous les autres pays. Son existence avoit été confirmée aussi par des lettres reçues des consuls Anglois résidant à Tunis et à Maroc, qui mandoient que les eunuques du sérail de ces deux villes étoient amenés de Houssa : on la disoit même aussi peuplée que Londres. Le major Houghton pénétra jusqu'à la ville de *Jarra*, située au nord du pays de Bambouk, près des confins du désert. S'étant joint là à des Maures pour continuer sa route, il fut dépouillé par eux, après deux jours de marche, de tout ce qu'il possédoit, abandonné sans ressource, et il succomba sous le poids de la misère. Des renseignemens précieux qu'il avoit transmis de Bambouk, confirmèrent l'existence de la ville de Houssa : ils apprirent qu'elle étoit située à peu de journées au-dessous de Tombouctou, et sur la même rivière ; que cette rivière (qu'on suppose être la même que le Niger) se nommoit *Joliba* ; qu'elle prenoit sa source dans le pays des Mandingues, situé à l'est de celui de Bambouk ; qu'elle couloit du sud au nord jusqu'à la ville de Jeenie, et que de là elle se dirigeoit à l'est vers Tombouctou.

Ces renseignemens, contraires à l'opinion que l'on avoit sur le cours du Niger, augmentèrent encore la curiosité ; et, malgré les dangers d'un tel voyage, Mungo-Park se présenta à la société pour continuer ces recherches. Il partit le 2 décembre 1793, et prit la même route que le major Houghton, qu'il suivit jusqu'à Jarra. Il y fut fait captif par les Maures, et courut les plus grands dangers : mais il trouva moyen de s'échapper ; et, dirigeant sa route à l'est, il parvint, après une marche de vingt jours, à la ville de Sego, où il eut la satisfaction de voir l'objet de ses vœux, la Joliba ou le Niger, qui coule de cette ville vers Tombut. Il se proposoit de descendre ce fleuve, et de visiter Tombouctou et Houssa ; mais il fut obligé de renoncer à son projet, ayant appris que toutes les villes au-dessous de Jeenie étoient sous l'influence des Maures, et que celle de Tombouctou dépendoit entièrement de ce peuple, dont il venoit d'éprouver la férocité. La ville de Silla, située sur la Joliba, entre Sego et Jeenie, fut donc le terme de son voyage ; il fit son retour en remontant la Joliba jusqu'à la ville de Bammakou, où elle devient navigable, et de là à travers le pays des Mandingues et par le sud du Bambouk.

Ce voyage de Mungo-Park nous éclaire sur la partie supérieure du cours du Sénégal, qui étoit absolument inconnue, et nous fait entrevoir l'importance de ce fleuve pour la France, qui possède son embouchure. Il confirme les renseignemens donnés par le major Houghton sur la direction du cours de la Joliba, opposée à celle du Sénégal, et de l'ouest à l'est. Les édifices que Mungo-Park vit sur sa route, les bateaux répandus en grand nombre sur la rivière, une population considérable, et l'état du pays cultivé aux environs, annoncent une civilisation et une magnificence que l'on s'attendoit peu à trouver dans l'intérieur de l'Afrique, et qui doivent faire redoubler d'efforts pour sa découverte. Les renseignemens que Mungo-Park a recueillis, nous apprennent qu'au-dessous de Silla, d'où il fit son retour, et a deux journées de distance sur la Joliba, se trouve la ville de Jenné ; qu'à deux journées plus loin, cette rivière se jette dans un lac considérable, nommé *Dibbie* ou *le Lac noir ;* qu'elle sort de ce lac par différens

Z 2

canaux qui se réunissent à Kabra, port de Tombouctou, qui en est éloigné d'une journée de marche du côté du nord ; que de Jeenie à Tombouctou il n'y a que douze jours de marche ; qu'au-dessous de Kabra, à la distance de onze jours de navigation, la rivière passe au sud de Houssa, qui en est séparé par deux jours de marche. Mungo-Park fut informé qu'il arrivoit fréquemment à Tombouctou et à Houssa des caravanes avec des marchandises d'Europe, qui s'y rendent des bords de la Méditerranée par la route du Fezzan et à travers le désert, et que Houssa étoit la plus considérable de ces deux villes. Il apprit aussi qu'à Tombouctou et à Houssa les Chrétiens passoient pour enfans du diable et les ennemis du prophète, et qu'il y avoit du danger pour eux d'y pénétrer. Les dangers auxquels ce célèbre voyageur avoit échappé, ne l'ont point effrayé ; il a osé tenter une seconde fois le même voyage, et les papiers publics ont annoncé qu'il avoit surmonté tous les obstacles et pénétré beaucoup plus loin qu'auparavant. Nous ignorons le résultat de cette seconde expédition.

Pendant que Mungo-Park s'avançoit dans la Nigritie du côté de l'ouest, et cherchoit à reconnoître le cours du Niger, un autre voyageur Anglois, M. Browne, y pénétroit du côté de l'est, pour tâcher de découvrir les sources du Nil. Il passa d'Égypte dans le Darfour, en 1793, avec les caravanes de ce pays, qui viennent fréquemment au Caire ; mais il éprouva bientôt combien le nom de Franc ou de Chrétien est en horreur dans les parties de l'Afrique ou dominent les Mahométans. A peine arrivé au Darfour, il y fut consigné comme prisonnier ; et, pendant trois ans qu'il y fut détenu, il ne put s'éloigner un instant du lieu qui lui avoit été assigné pour résidence. Il étoit muni d'instrumens, et en état de rectifier la géographie par des observations astronomiques ; mais il ne put se procurer que des renseignemens vagues et quelques itinéraires qui lui furent donnés par les gens du pays. Il résulte de ces renseignemens, que la branche principale du Nil est celle connue sous le nom de *Bahr el-Abiad* ou *Riviere Blanche*, et que sa source est vers les sept à huit degrés de latitude nord, à vingt journées au sud du Darfour et à trente au sud-ouest de Sennaar. Le canton où se trouve cette source, est un pays très-montueux, nommé *Douga*, et les montagnes d'où elle sort se nomment *Koumri* : on en compte jusqu'à quarante, d'où s'écoulent quantité de ruisseaux qui se réunissent dans le même canal pour former le *Bahr el-Abiad*. Il sort aussi de ces mêmes montagnes et des environs plusieurs autres rivières considérables, qui paroissent prendre leur cours vers l'ouest, telles que le *Misselad*, qui va au nord-ouest dans le Bergon, et le *Bahr Kulla*, qui coule à l'ouest, dans une direction opposée à celle de la Joliba.

Les connoissances que le voyage de Browne nous a procurées sur le Darfour et les contrées voisines, jointes à celles qui résultent des voyages du major Houghton et de Mungo-Park, commencent à nous éclairer sur un pays dont on n'avoit encore aucune idée : elles ne sont pas assez précises pour mériter toute confiance, et la carte du major Rennell, qui les représente, ne peut être considérée que comme une carte systématique ; mais elles méritent toute l'attention des géographes, qui pourront les employer avec plus d'avantages, à mesure que l'on avancera dans les découvertes que l'on tente aujourd'hui de toutes parts.

Un nouveau voyage qui nous a procuré déjà des résultats plus sûrs et très-satisfaisans, est celui de M. Hornemann, que la société Africaine envoya en Égypte en 1797. Il étoit au Caire, étudiant la langue et les mœurs des Arabes occidentaux, avec lesquels il se proposoit de voyager, lorsque l'armée Françoise y arriva. Le général BONAPARTE le reçut avec toutes sortes d'égards et de bonté, lui offrit sa protection, de l'argent, et tout ce qu'exigeoit son entreprise. Il partit du Caire pour Mourzouk, capitale du Fezzan, le 5 septembre 1798. M. Hornemann voyage avec les grandes caravanes et en qualité de marchand, pour plus de sûreté; il est muni de bons instrumens, plein de zèle et de courage; et rien n'échappe à ses recherches, comme on le voit par le journal de sa route du Caire au Fezzan, qu'il a déjà envoyé. Nous lui devons la certitude que les ruines de l'Oasis de Syouah sont celles du temple de Jupiter Ammon; une description plus exacte du Fezzan, qu'il place à deux degrés plus sud; des renseignemens curieux et fort intéressans sur les Tibboos et les Touariks, qui habitent les déserts à l'ouest et à l'est du Fezzan, et d'autres assez vraisemblables sur les empires de Bornou, d'Asben et de Houssa. Sur le témoignage d'un savant Marabout, M. Hornemann renferme, en général, dans le Houssa, les pays situés entre Tombouctou, Asben ou Agadez, et Bornou : ce sont les habitans du pays qui l'appellent *Houssa;* les Arabes le nomment *Soudan,* et les habitans de Bornou, *Asna.* Dans sa dernière lettre, datée de Mourzouk le 6 avril 1800, ce savant voyageur annonce qu'il part le même jour pour se rendre à Bornou ; que de là il ira à Kachua avec la grande caravane qui part tous les ans, dans cette même saison, de Bornou pour le Soudan, et qu'ensuite il tentera de nouvelles découvertes à l'ouest et dans le cœur de l'Afrique. Dans la lettre qu'il écrivit du Caire avant son départ, il prie de recommander aux consuls Anglois de Tripoli et d'ailleurs, de ne jamais s'informer de lui aux Fezzaniens : des informations quelconques, dit-il, prises au sujet d'un Chrétien, donneroient lieu à mille soupçons et pourroient lui devenir funestes.

La cour d'Espagne vient d'envoyer aussi dans les mêmes contrées M. Domingo Badia, commissaire des guerres, homme fort instruit et intrépide, qui est déterminé à braver tous les dangers, et à ne pas revenir sans avoir rempli sa mission ; il est accompagné de M. Simoa de Rocxas. Avant leur départ, ils ont cru devoir aller consulter la société Africaine, et ils se sont rendus à Londres, d'où ils sont partis pour l'Afrique.

On s'occupoit également en France, depuis plusieurs années, des moyens de découvrir l'intérieur de l'Afrique. La classe des sciences morales et politiques de l'Institut national a proposé aussi, il y a quelques années, pour sujet du prix de géographie, de comparer la description de l'intérieur de l'Afrique de Ptolémée, avec tout ce qui avoit été écrit depuis par les différens auteurs.

Le voyage de M. Wadstrom dans l'intérieur des terres situées au nord des îles de Loss, fait en 1788, aux frais des cours de Suède et de France ; l'ouvrage intéressant publié par M. Golberry en 1802, sous le titre modeste de *Fragmens d'un Voyage en Afrique;* le Voyage au Sénégal, publié la même année par M. Durand, qui a résidé long-temps dans ce pays, et s'y est occupé de projets de décou-vertes ; les deux nouveaux Voyages publiés par M. La-barthe, d'après les mémoires de M. Lajaille sur le Sénégal, et de M. Denis Bonaventure sur la côte de Guinée ; tous ces ouvrages sont autant de monumens qui attestent l'ar-deur des François pour les découvertes de l'Afrique. Mais l'ouvrage le plus important et le plus utile aux progrès de la géographie de l'Afrique, est le résultat des opérations géométriques et des recherches en tout genre qui ont été faites par l'armée Françoise en Égypte.

Une autre expédition militaire, moins brillante, nous a procuré encore, sur une partie de l'Afrique, des connois-sances assez satisfaisantes. Les Anglois, devenus maîtres du cap de Bonne-Espérance en 1797, desirèrent con-noître plus particulièrement cette belle contrée, qu'ils envioient depuis long-temps, et qu'ils se proposoient de garder. Plusieurs voyages furent entrepris successivement dans ses différentes parties, par ordre du comte de Macart-ney, qui en chargea John Barrow, l'un de ses secrétaires. La relation de ces voyages, imprimée en 1801, contient des observations intéressantes sur la géologie et la géo-graphie de cette contrée, et une carte nouvelle dressée d'après tous les matériaux recueillis dans ces expéditions. Les latitudes des principaux points ont été observées, et les distances et gisemens pris avec beaucoup d'exactitude ; de sorte que ce voyage est un de ceux qui ont le plus contribué aux progrès de la géographie. La colonie du cap de Bonne-Espérance est, après l'Égypte, la partie de

l'Afrique

l'Afrique la mieux connue aujourd'hui. Pour tout le reste, nous n'avons encore que des renseignemens vagues, et tout est à faire pour arriver au point où en est la géographie d'Europe.

En commençant l'article de l'Asie, nous observerons qu'il convient, pour suivre la marche et les progrès des connoissances, de rapporter à cette troisième partie du monde toutes les îles et terres voisines qui paroissent en avoir fait partie autrefois, telles que l'archipel des Indes, la Nouvelle-Guinée et la Nouvelle-Hollande, dont quelques auteurs voudroient faire un troisième continent.

C'est de la Russie qu'il faut attendre des lumières sur la partie septentrionale de cette vaste contrée. Le voyage du capitaine Billings, fait par ordre de l'impératrice Catherine II, depuis 1785 jusqu'en 1794, nous a fait connoître plus particulièrement une partie des côtes de la mer Glaciale, les îles de Clerke et de Gore, situées au sud du détroit de Behring, et la chaîne des îles Aleutiennes, comprises entre le Kamtschatka et la côte d'Amérique. Deux officiers de marine ont été envoyés, en 1799, pour déterminer la position de divers points sur la mer Blanche et la mer Caspienne ; et les deux vaisseaux expédiés pour un voyage autour du monde, sous les ordres du capitaine Krusenstern, ont complété les découvertes de la Pérouse à la côte de Tartarie, et aux îles de Jedso et des Kuriles, situées entre le Japon et le Kamtschatka.

M. Beauchamp avoit commencé à rectifier la géographie de l'Asie occidentale par des observations exactes faites à Bagdad, où il a résidé sept ans, à Ispahan et à Casbin : il a publié son voyage d'Alep à Bagdad, dans le

Sciences mathématiques. A a

Journal des savans de 1784, son voyage en Perse dans le même Journal de 1790, et le dernier qu'il a fait sur la côte sud de la mer Noire jusqu'à Trébizonde, dans les Mémoires de l'Institut d'Égypte. Le résultat de ses observations et de ses recherches prouve combien la géographie de cette partie de l'Asie étoit défectueuse : il alloit la perfectionner par un nouveau voyage à Mascate ; mais, au bruit de l'arrivée des François en Égypte, il se hâta de changer de route, et prit celle du Caire.

Les pays compris entre la mer Noire et la mer Caspienne ont été mieux connus par la description intéressante qu'on en trouve dans un ouvrage qui a paru en 1798, sous le titre de *Voyages historiques et géographiques dans les pays situés entre la mer Noire et la mer Caspienne.* Le même ouvrage contient un mémoire sur le cours de l'Araxe et du Cyrus, qui a été lu dans les séances de l'Académie des inscriptions et belles-lettres en 1789, par M. de Sainte-Croix, et qui répand le plus grand jour sur la géographie ancienne, l'histoire et le commerce de cette partie de l'Asie. On y trouve aussi la copie d'une nouvelle carte de ces pays, publiée par Edwards à Londres en 1788, laquelle rectifie les cartes précédentes sur plusieurs points, mais est bien loin encore de la perfection.

Le Voyage en Perse et en Turquie, que notre confrère Olivier vient de publier, contient des observations nouvelles et très-intéressantes sur la géographie physique de la Perse et des autres pays qu'il a parcourus, ainsi que sur leurs productions, leur gouvernement, et les mœurs des peuples. On regrette qu'un voyageur aussi zélé pour le progrès des sciences, qui a vu tant de peuples et tant de villes autrefois célèbres, n'ait pas été muni de quelque instrument propre à observer la latitude de ces villes. Les avantages qui résultent de ces observations pour le progrès de la géographie, méritent d'être pris en considération par les savans qui se proposent de faire de semblables voyages.

La géographie de l'Indostan ou de l'empire Mogol a été constamment l'objet des recherches du célèbre major Rennell. En 1793, il publia une troisième édition de son grand ouvrage, qu'il enrichit encore d'une description des rivières du Gange et du Barrampoater, et d'une carte particulière destinée à représenter la nouvelle géographie de l'Inde. Depuis cette époque, de nouvelles expéditions militaires de la part des Anglois leur ont procuré des connoissances nouvelles ; et en 1800, il a été publié par William Faden, à Londres, une carte en deux feuilles de la presqu'île occidentale de l'Inde, qui présente de grands détails et des améliorations. Un ouvrage plus important et plus utile aux progrès de la géographie, est la Description de la côte de Malabar, faite en 1789 et 1790 par John Mac-Cluer, officier de la marine Angloise, et publiée par Alexandre Dalrymple en 1791. Toute cette côte a été reconnue avec le plus grand soin, depuis Diu jusqu'au cap Comorin ; des observations exactes de latitude et de longitude ont fixé pour jamais la position de quatre-vingt-treize points de la côte, et celle de toutes les îles Laccedives, qui rendoient la navigation dans ces parages difficile et dangereuse.

La conquête de l'île de Ceylan par les Anglois, comme celle du cap de Bonne-Espérance, nous a procuré une

description et une carte nouvelles de cette île, qu'il importoit de bien connoître. Cet ouvrage, publié en 1800
sous le titre de *Voyage à l'île de Ceylan*, est le résultat des
recherches de l'auteur, M. Robert Percival, officier de
l'armée Angloise, qui a parcouru une partie des côtes, et
a pénétré dans l'intérieur avec l'ambassade envoyée au roi
de Candy en 1800 : la carte qui s'y trouve jointe, est
dressée d'après un original appartenant à la compagnie
des Indes Orientales, et présente une configuration nouvelle des côtes et quelques détails de l'intérieur, qu'on ne
connoissoit pas encore.

Les trois ambassades des Anglois au Tibet, au royaume
d'Ava et à la Chine en 1793, nous ont procuré des renseignemens plus exacts sur la géographie de ces contrées.
Le Tibet, ses montagnes affreuses et ses lamas, sont
peints fidèlement dans la relation que Samuel Turner a
publiée de son ambassade. La relation du major Michel
Symes, chargé de l'ambassade d'Ava, nous a fait connoître le fameux empire des Birmans, fondé sur les ruines
des royaumes d'Ava et de Pegou, et qui est aujourd'hui
une des grandes puissances de l'Asie ; elle nous a procuré
de plus une carte très-détaillée du cours de la grande
rivière d'Ava, depuis ses embouchures jusqu'à la ville
d'Ummepoura, capitale actuelle de l'empire Birman. L'ambassade du lord Macartney à la Chine a rectifié la position
de plusieurs îles qui se sont trouvées sur la route, et a
fourni des renseignemens importans pour la navigation
des côtes orientales de la Chine, qui étoient peu fréquentées, et pour celle du golfe de Pékin, qu'aucun vaisseau d'Europe n'avoit visité auparavant : elle nous a fait

connoître aussi la belle navigation intérieure de la Chine,
qu'elle a représentée avec tous ses détails et fidèlement.
On ne peut se méprendre sur les motifs qui ont donné
lieu à ces diverses ambassades, ni sur les vues qui ont
dirigé les recherches des ambassadeurs : tout ce qui a
rapport au commerce, aux productions, aux mœurs et aux
usages des peuples, à la politique des Gouvernemens,
a été examiné avec le plus grand soin ; et l'on peut s'en
rapporter aux observations intéressantes que les relations
nous présentent à l'égard de ces objets.

C'est aux richesses du commerce de l'Asie que nous
devons les recherches et les observations qui rectifient
chaque jour la géographie de la mer des Indes et de son
vaste archipel. On peut en voir les résultats dans la belle
collection de cartes, plans et mémoires, publiée par
Alexandre Dalrymple, et que ce savant hydrographe
continue avec le plus grand zèle pour le progrès de la
science ; dans les cartes et mémoires publiés par George
Robertson en 1791, pour la navigation si difficile de la
mer de Chine ; et dans la nouvelle carte de l'archipel
des Indes orientales, qui a été publiée par Arrowsmith
en 1800, et qui représente exactement toutes les connoissances acquises jusqu'à cette époque.

Le nouvel établissement des Anglois à Botany-bay et
au port Jackson a donné lieu à de nouvelles découvertes,
tant à l'égard de la Nouvelle-Hollande que des parties du
grand Océan comprises entre le port Jackson et les côtes
de la Chine. Le détroit qui sépare la Nouvelle-Hollande
de la Nouvelle-Guinée, paroissoit offrir le passage le plus
court et le plus avantageux aux vaisseaux de la nouvelle

colonie ; le capitaine Cook y avoit passé heureusement
en serrant la côte de la Nouvelle-Hollande, et la route
fut tentée par plusieurs bâtimens : mais il fut reconnu
qu'elle étoit impraticable, par les bas-fonds, les bancs et
petites îles qui en occupent toute la largeur, et par les
récifs immenses qui bouchent, pour ainsi dire, l'entrée
du côté de l'est. Ces dangers ont été constatés par la relation du voyage de *la Pandore*, qui se perdit sur les récifs
de l'entrée, en 1791, et par celle du capitaine Bampton,
qui n'a pu effectuer son passage, en 1793, qu'à travers
mille écueils et avec les plus grandes difficultés. M. Dalrymple avoit donné à ce détroit le nom de *Torrès*, persuadé
que c'étoit par-là qu'avoit passé le commandant du second
vaisseau de la flotte de Quiros, qui s'en étoit séparé en
quittant la terre du Saint-Esprit, en 1606 : la carte que le
capitaine Bampton en a publiée, ne permet pas d'adopter
aujourd'hui cette opinion. Cette carte ne peut être considérée que comme une ébauche assez grossière encore ; mais
elle est, pour son utilité, une des acquisitions les plus
précieuses qu'ait faites la géographie. Les bâtimens qui
reviennent de Botany-bay, prennent, pour la plupart, la
route du nord pour aborder en Chine : quelques-uns ont
découvert des récifs immenses dans l'est de la Nouvelle-
Hollande ; d'autres se sont ouvert de nouveaux passages à
travers les îles de Salomon dans l'est de la Nouvelle-Guinée,
et presque tous rencontrent sur leur route quelques-unes
des îles Carolines, et en rectifient la position.

En 1795, Bass, chirurgien du port Jackson, découvrit
le détroit de son nom, qui sépare au sud la Nouvelle-
Hollande de la terre de Diémen ; il suivoit la côte de la

Nouvelle-Hollande dans une chaloupe baleinière, et s'avança jusqu'au port Westever, qui est dans l'ouest de ce détroit. Ce nouveau passage avoit été indiqué à Dentrecasteaux, dans une note qui lui fut remise à son départ pour la Nouvelle-Hollande et la recherche de la Pérouse, en 1791 : il dirigea sa route en conséquence ; mais les vents contraires l'empêchèrent de compléter les belles découvertes qu'il a faites sur cette côte et à la côte sud-est de la terre de Diémen.

Le lieutenant Flinders fut chargé d'aller reconnoître le détroit de Bass en 1798 ; il fit, l'année suivante, une reconnoissance générale de la terre de Diémen, dont il nous a donné le premier une carte assez exacte ; et, en 1800, il visita et reconnut dans tous ses détails la côte de la Nouvelle-Hollande aux environs du port Jackson, depuis 33 jusqu'à 22 degrés de latitude sud. On remarque, sur la carte qu'il a publiée de cette dernière expédition, un récif immense, nouvellement découvert par le vaisseau l'*Éliza*, au large de la côte orientale de la Nouvelle-Hollande, et partagé en deux par un canal étroit, que ce bâtiment osa franchir. La découverte de ces écueils si funestes à la navigation est digne de l'attention des Gouvernemens ; et des récompenses nationales devroient engager les navigateurs qui en rencontrent sur leur route, à les reconnoître dans toute leur étendue, et à déterminer exactement leur position par de bonnes observations. Ce sont vraisemblablement des écueils de cette nature, et si multipliés dans ces parages, qui ont mis fin aux recherches de l'infortuné la Pérouse, et il reste peu d'espoir d'en apprendre jamais des nouvelles.

Des lettres du capitaine Baudin, datées du port Jackson, ont annoncé que M. Flinders étoit parti des ports d'Angleterre six mois après lui, pour aller reconnoître le reste des côtes de la Nouvelle-Hollande ; qu'il avoit visité déjà toute la côte du sud, où ils s'étoient rencontrés ; et qu'après avoir pris de nouvelles provisions au port Jackson, il dirigeoit sa route au nord le long des côtes orientales, d'où il devoit passer dans le golfe de Carpentarie, et suivre ensuite les côtes occidentales. On sait que M. Flinders, après avoir reconnu la côte du sud de la Nouvelle-Hollande, a été visiter la côte orientale, et s'est avancé jusque dans le golfe de Carpentarie ; il y perdit son bâtiment, et ne put suivre les côtes occidentales, qu'il devoit également visiter. De la relation de son voyage, jointe à celles de Dentrecasteaux et du capitaine Baudin, qui s'impriment en ce moment, doit résulter une connoissance assez précise des côtes de cette île immense, qui a été négligée si long-temps, et qui deviendra peut-être bientôt redoutable à toutes les puissances de l'Asie. Les progrès rapides de la nouvelle colonie Angloise donnent lieu d'espérer que l'intérieur, dont on n'a encore aucune idée, ne tardera pas long-temps à être connu.

Les Hollandois sont les premiers des Européens qui aient abordé les côtes de la Nouvelle-Hollande, et qui en aient fait la découverte. Ils ont fait visiter à différentes reprises les côtes du nord, celles de l'ouest et partie de celles du sud, et il en a été dressé des plans détaillés et des cartes particulières qu'il seroit bien important de retrouver aujourd'hui. Il est digne de remarque qu'ils n'ont formé aucun établissement dans une terre qui

étoit

étoit si voisine de leurs autres possessions ; et l'on doit croire qu'ils n'en ont point imposé, lorsqu'ils ont dit, dans une description qu'ils ont publiée, que c'étoit le pays le plus misérable de toute la terre, et que les Hottentots du cap de Bonne-Espérance étoient des seigneurs en comparaison des malheureux habitans de la Nouvelle-Hollande. C'est aussi l'idée qu'en donne Dampier, qui a relâché deux fois à la côte de l'ouest, et celle que M. Buache a conçue à la suite des recherches qu'il a faites sur l'époque de la première découverte de la Nouvelle-Hollande.

Six mois avant le voyage du capitaine Baudin, M. Buache lut à la classe des sciences morales et politiques de l'Institut, un mémoire tendant à prouver que la Nouvelle-Hollande avoit été connue en Europe peu de temps après les premiers établissemens des Européens dans l'Inde, et plus de cent ans avant la découverte qu'en ont faite les Hollandois. Il fondoit cette opinion, 1.º sur la configuration que donnoit aux terres australes une carte générale du monde, publiée par Oronce Finé ; 2.º sur les détails que présente une ancienne carte manuscrite de la mer des Indes, qui se trouve dans le muséum Britannique, et dont M. Dalrymple a fait graver un extrait ; 3.º sur la description que fait Abraham Peritsol (*Itinera mundi*, cap. XXIX) d'un nouveau continent, situé dans l'hémisphère austral au-delà du cap de Bonne-Espérance, et qu'il supposoit avoir été découvert tout récemment par des vaisseaux Espagnols ; 4.º enfin, sur un passage de la relation de Louis de Barthème, qui rapporte, d'après le témoignage d'un pilote Maure, que des vaisseaux de l'île de Java naviguoient dans les mers au sud de cette île et s'avançoient

Sciences mathématiques. B b

du côté du pôle austral, jusqu'au point d'éprouver un froid très-rigoureux et de n'avoir que quelques heures de jour.

La carte du muséum Britannique, dont on a beaucoup parlé dans ces derniers temps, et que plusieurs personnes ont cru avoir servi de guide au capitaine Cook pour sa belle découverte de la côte orientale de la Nouvelle-Hollande, paroît à M. Buache n'être que le résultat des premiers renseignemens que les Européens ont cherché à se procurer sur toutes les parties de l'Inde dès les premières années de leurs navigations dans ces parages. La configuration des côtes, ainsi que les détails que cette carte présente dans la place qu'occupe la Nouvelle-Hollande, sont la copie d'une esquisse grossière faite par quelque pilote Maure, et nullement le résultat d'une découverte faite par des vaisseaux Européens.

Le voyage du capitaine Baudin ayant eu lieu peu de temps après la lecture du mémoire dont nous venons de donner une idée, M. Buache se trouva dans le cas de faire de nouvelles recherches pour le succès du voyage. Ces recherches lui firent entrevoir que la Nouvelle-Hollande avoit été connue de tous les temps ; elles le confirmèrent en même temps dans l'opinion qu'il avoit conçue de la nature du pays, et il se détermina à supprimer son mémoire, qui ne pouvoit plus offrir que des considérations de peu d'intérêt. Il se borne à exposer ici le résultat de ses dernières recherches. La Nouvelle-Hollande lui paroît être cette grande île que l'Édrisi nomme *Malai*, et qu'il dit être la plus grande de toutes les îles. « Elle est, ajoute-t-il, à » douze journées de l'île Sauf ; elle s'étend de l'ouest à » l'est. Du côté de l'ouest, elle se joint à la côte des

» Zinges ou du Zanguebar ; et de là elle se dirige au nord-
» est, jusqu'à ce qu'elle atteigne les côtes des Lines. »
On reconnoît à cette description la terre inconnue méridionale que Ptolémée supposoit s'étendre au sud de la mer
de l'Inde, depuis l'extrémité connue de la côte orientale
d'Afrique, à laquelle elle étoit jointe, jusque vis-à-vis les
parties orientales de l'Asie, où se trouvoit une autre terre
inconnue à laquelle elle se joignoit également. Le nom
de *Malai* que l'Édrisi donne à sa grande île, se trouve
sur une des mappemondes Japonoises rapportées par
Kæmpfer ; et c'est la Nouvelle-Hollande, ou du moins sa
côte nord, qui est désignée par ce nom. Si la Nouvelle-
Hollande est connue depuis si long-temps, et si elle n'est
habitée que par les plus malheureux de tous les peuples,
il est à croire que ce n'est pas une terre qui promette
de grands avantages, et qui mérite qu'on en dispute la
possession.

Ce n'est que dans ces derniers temps que l'on a commencé à avoir des renseignemens un peu satisfaisans sur
les diverses contrées de l'Amérique. A l'exception de celles
qui forment aujourd'hui la république des États-Unis, et
que l'Angleterre avoit cherché à bien connoître pour l'intérêt de son commerce et de sa navigation, tout le reste
de l'Amérique septentrionale étoit couvert d'un voile épais ;
et l'on ne connoissoit guère de l'Amérique méridionale que
les côtes et le cours de quelques fleuves.

Les premières découvertes très-imparfaites des baies
d'Hudson et de Baffin donnèrent lieu de soupçonner
qu'elles communiquoient avec le grand Océan : des récits
vagues de quelques navigations des Espagnols sur les côtes

du grand Océan confirmèrent ces soupçons ; et les tentatives faites des deux côtés pour la recherche de ce passage si desiré ont amené successivement les connoissances intéressantes que nous avons aujourd'hui sur le nord de l'Amérique , et que leur importance engage à perfectionner.

Pendant que les géographes disputoient entre eux sur l'existence de ce prétendu passage, la compagnie de la baie d'Hudson faisoit naviguer Young et Pickersgill dans la baie de Baffin , et envoyoit Hearne dans l'intérieur des terres pour tâcher de le découvrir. Le Gouvernement Anglois crut devoir faire visiter en même temps la côte occidentale de l'Amérique, et ce fut Cook qu'elle chargea de cette importante reconnoissance. Le voyage de ce célèbre navigateur apprit que l'on pouvoit faire sur cette côte un commerce très-avantageux, et bientôt on vit les vaisseaux marchands s'y porter en grand nombre. Cet empressement excita l'attention des puissances qui avoient des possessions et des établissemens dans le voisinage des côtes nouvellement découvertes. Un vaisseau Russe fut expédié d'Ochotsk, en 1790, avec des astronomes, pour déterminer la véritable situation des îles et des côtes du nord-ouest de l'Amérique comprises depuis le détroit de Behring jusqu'au mont Saint-Élie ; et en 1792, deux goélettes Espagnoles, *la Subtile* et *la Mexicaine*, partirent d'Acapulco pour aller reconnoître le détroit de Fuca. La relation du voyage de ces goélettes, qui a été publiée à Madrid en 1802, peut être considérée comme le complément du voyage de Vancouver, qu'elles ont rencontré sur cette côte, et auquel elles ont communiqué, par ordre de la cour d'Espagne, une partie de leurs découvertes : elle est précédée aussi d'une introduction, dans laquelle on donne, pour la première fois, une notice exacte et complète des expéditions exécutées antérieurement par les Espagnols à la côte nord-ouest d'Amérique ; ce qui rend ce nouvel ouvrage infiniment intéressant.

On connoît le résultat du voyage de Vancouver à la côte nord-ouest d'Amérique. Chargé de visiter cette côte et d'en reconnoître tous les détails, ce que Cook et la Pérouse n'avoient pu faire dans le court espace de temps qu'ils avoient pu donner à cette partie de leurs recherches, il y employa le temps nécessaire, et y resta trois ans, pendant lesquels il passoit la mauvaise saison aux îles Sandwich. Il visita, en conséquence, toutes les ouvertures de la côte, les baies, les canaux qui séparent les îles, les rivières principales, et s'assura par ce moyen qu'il n'existe de ce côté aucun passage qui conduise dans l'océan Atlantique. Il a déterminé aussi, par des observations exactes, la position des principaux caps, des ports et mouillages, et de tous les objets qui peuvent servir de points de reconnoissance ; et sous ce point de vue, la relation de son voyage est un des ouvrages les plus utiles pour le progrès de la géographie, pouvant servir de modèle dans les travaux de ce genre qui pourront avoir lieu dans la suite.

La compagnie de la baie d'Hudson continuoit ses recherches dans l'intérieur, pour l'intérêt de son commerce ; et elle étoit arrivée, en suivant le cours des rivières qui se rendent dans la baie d'Hudson, jusqu'à la chaîne de montagnes qui sépare ces rivières de celles de la côte de l'ouest. Il lui importoit de connoître la distance de cette chaîne de montagnes à la côte occidentale, découverte par Vancouver, ainsi que les moyens d'y arriver et d'y transporter des objets de commerce : Mackenzie, un de ses agens, le lui apprit par un voyage qui eut le plus grand succès. Il en avoit fait un premier du côté du nord, et il étoit arrivé, ainsi que M. Hearne, sur les côtes de la mer Glaciale, qu'il avoit trouvées vers le même degré de latitude : il se disposa au second, en se mettant au fait des observations de latitude et de longitude, dont il avoit senti le besoin dans le premier. Les recherches de la compagnie de la baie d'Hudson ont été faites depuis 1780 par des agens instruits ; et la position des différens postes qu'elle a établis chez les peuples encore peu connus de ces contrées, se trouve déterminée déjà par de bonnes observations : on en trouve le résultat dans un mémoire qui accompagne la carte des parties intérieures de l'Amérique septentrionale, publiée par Arrowsmith en 1795.

Les voyages de Mackenzie et de Hearne vers les côtes de la mer Glaciale ne nous ont montré que deux points de cette partie des côtes de l'Amérique, et le reste est totalement inconnu ; mais la route est ouverte, et la possibilité d'y arriver est démontrée. D'après la latitude des deux points reconnus, on seroit porté à penser que cette côte nord de l'Amérique ne s'étend pas jusqu'au Groenland, comme les cartes l'ont représentée jusqu'à présent, mais qu'elle se joint à la côte occidentale de la baie de Baffin : d'où il résulteroit que le Groenland seroit une île séparée du continent de l'Amérique, et la baie de Baffin un détroit ; et cette considération seule peut exciter à tenter de nouvelles recherches. Les Danois, qui ont des établissemens

à la côte occidentale du Groenland, y ont fait des observations astronomiques pour en déterminer la position ;
ils ont proposé tout récemment, pour sujet du prix d'histoire, de rechercher tous les renseignemens qui auroient
rapport à l'Amérique avant les voyages de Christophe
Colomb : ils s'empresseront sans doute de savoir si leur
Groenland fait partie de ce continent, ou s'il en est
séparé.

Les États-Unis de l'Amérique, qui avoient des cartes
détaillées et assez exactes de leur pays, se sont empressés
de reconnoître les belles contrées de l'Ohio, du Kentukée
et du Tenassée, qui sont à l'ouest, du côté du Mississipi ;
et les nouvelles cartes que l'on a aujourd'hui de ces contrées, dont on connoissoit à peine le nom, attestent les
progrès rapides que la géographie a faits dans cette nouvelle république. Il n'y avoit que quelques jours que la
Louisiane lui avoit été cédée par la France, lorsque son
président a proposé d'envoyer reconnoître le cours du
Missouri, qui paroît être la branche principale du Mississipi, et s'étendre assez loin du côté de l'ouest et du
nord, pour qu'il soit possible d'ouvrir par son canal une
communication facile avec les contrées de la côte du
nord-ouest de l'Amérique. On trouve, dans le Moniteur
du 15 décembre 1806, le compte intéressant que le capitaine Lewis a rendu du voyage entrepris pour cette reconnoissance. Il a été de l'embouchure du Missouri à celle
de la rivière Columbia, qui est à la côte nord-ouest d'Amérique ; et il évalue à 3550 milles l'espace qu'il a parcouru.
Il y a 2575 milles de l'embouchure du Missouri à ses
grandes cataractes ; et de là, par terre, jusqu'à un endroit

navigable de la rivière Kooskoske, qui est au-delà des montagnes de Roche, 340 milles, dont 200 par une route assez facile, et 140 dans des montagnes affreuses qui, dans un espace de 60 milles, sont couvertes de neiges éternelles. Le capitaine Lewis assure que toute l'étendue de pays qu'il a traversée, offre le plus riche commerce de fourrures, et il ajoute que le plus avantageux se feroit par les sources du Missouri.

La possession du Mississipi est de la plus haute importance pour les États-Unis, parce que ce fleuve est l'unique débouché pour le commerce et la communication de la partie occidentale de ces États avec les autres parties du monde. Des villes florissantes vont s'élever sur ses bords déserts ; les plaines immenses et fertiles qu'arrosent les belles rivières qu'il reçoit, vont se couvrir d'abondantes moissons ; et la géographie de l'Amérique septentrionale, qui a fait si peu de progrès jusqu'à présent, se perfectionnera tout-à-coup, et nous offrira un monde nouveau. Une grande carte, en quatre feuilles, des environs de la Nouvelle-Orléans et du cours du Mississipi jusqu'à son embouchure, vient d'être levée et publiée dans le pays même.

Nous devons à l'Espagne une reconnoissance exacte de la plus grande partie des côtes qu'elle possède en Amérique : depuis 1789 qu'elle commença à s'en occuper, elle a déjà publié plus de vingt cartes, qui sont le résultat de différentes expéditions qu'elle a ordonnées à cet effet, et pour lesquelles elle a fait choix des officiers les plus instruits de sa marine et des meilleurs instrumens. Les côtes méridionales de l'Amérique, à partir de Rio de la
                                                    Plata,

Plata, et celles du Chili et du Pérou jusqu'au golfe de Panama, ont été les premiers essais de ces grands travaux, et les cartes que nous en avons sont d'une exactitude suffisante pour la sûreté de la navigation : on y a joint d'ailleurs des plans particuliers, faits avec le plus grand soin, des principaux ports et mouillages de ces côtes. Les côtes et les îles du golfe du Mexique ont été reconnues avec plus d'attention encore : on a cherché à déterminer par des observations la position des principaux caps, des ports ou mouillages, des îles et roches dangereuses, les acores des bancs, et généralement de tout ce qui peut servir de point de reconnoissance aux navigateurs. Nous jouissons déjà de plusieurs cartes pour cette partie de l'Océan qui est la plus fréquentée, et l'on s'occupe à rédiger les autres.

La France et la République Batave ont des plans détaillés des côtes de leurs Guianes, qui n'attendent que le résultat de quelques observations astronomiques pour pouvoir être employés utilement; et une seule expédition suffit pour procurer cet avantage. De toutes les côtes de l'Amérique méridionale, il ne reste donc à reconnoître que celles du Brésil, et l'on a fait déjà à Rio-Janeiro et à Saint-Paul des observations astronomiques qui commencent à les rectifier.

Il n'est pas aussi facile d'obtenir des connoissances bien positives sur l'intérieur de cette partie de l'Amérique qui est occupée par un grand nombre de nations sauvages, la plupart indépendantes des Européens, et leurs ennemies. Cependant on peut espérer, pour la géographie, de nouvelles lumières et des secours abondans du grand

Sciences mathématiques. C c

ouvrage que Don Félix d'Azara prépare sur le Paraguay, et de la relation du voyage de M. de Humboldt, qui vient de parcourir l'intérieur de la terre ferme de la Guiane Espagnole et du Pérou, et qui a fait un grand nombre d'observations pour déterminer la position des lieux. La carte de son voyage, dressée d'après les matériaux nombreux qu'il a rassemblés, nous fera connoître en même temps le degré de confiance que peut mériter la grande et belle carte de l'Amérique méridionale, qui a été publiée en 1775 par Don Juan de la Cruz, et supprimée presque aussitôt par la cour de Madrid.

Dans une carte de la Guiane, publiée en l'an VI, M. Buache a réclamé contre les communications multipliées que la carte Espagnole de la Cruz établit entre la rivière des Amazones et l'Orénoque par le Rio-Negro ; il les considère comme des monstruosités en géographie, et croit devoir les supprimer, en conservant toutefois les détails précieux qui ont donné lieu à ces suppositions, et dont il essaie de faire un nouvel emploi plus conforme aux principes de la physique. Dans son opinion, toutes les rivières qui entrent dans le lac Parime, comme celles qui en sortent, ne sont que des branches du Rio-Negro, qu'une chaîne de montagnes sépare absolument de celles de l'Orénoque. Il observe que le cours de ce dernier fleuve n'a été reconnu par les Espagnols que jusqu'au fort de San-Fernando : c'est en voyageant par terre qu'ils sont arrivés sur les bords de ces rivières, qui les ont conduits dans le Rio-Negro ; et c'est sans fondement qu'ils ont cru être encore sur les bords de l'Orénoque. La carte de la Cruz seroit donc en erreur sur la partie supérieure du cours de l'Orénoque, au-dessus du fort de San-Fernando ; elle y seroit encore, suivant M. Buache, à l'égard des branches dont elle forme la partie supérieure de la rivière de Surinam, et qui sont véritablement celles de la rivière de Maroni, limite des possessions Françoises de la Guianè, du côté du nord. M. de Humboldt, qui a parcouru le cours de l'Orénoque, et s'est avancé jusqu'au fort de Saint-Carlos sur le Rio-Negro, nous procurera des renseignemens positifs, qui nous éclaireront sur cette partie intéressante de la carte Espagnole, et sur les détails curieux qu'elle nous donne du Pérou. Cette carte a été dressée d'après tous les manuscrits qui sont conservés dans les dépôts ou archives de l'Espagne, et dont l'auteur a eu communication entière. La même communication a eu lieu pour la relation des voyages au détroit de Magellan, publiée en 1788 par ordre du Gouvernement Espagnol, ainsi que pour celle des voyages entrepris par les Espagnols à la côte nord-ouest d'Amérique, qui vient d'être publiée en 1802 : elle nous montre tout-à-la-fois les richesses de l'Espagne sur la géographie de l'Amérique, et le desir qu'elle a de les faire servir aux progrès des connoissances.

Il nous reste à parler des voyages entrepris depuis 1789, qui ont contribué aux progrès de la géographie par quelques découvertes nouvelles ou des reconnoissances exactes. Le premier est celui des capitaines Meares et Douglas, expédiés de Macao en 1788 pour la côte du nord-ouest de l'Amérique, qu'ils ont suivie depuis la rivière de Cook jusqu'au-delà du port de Noutka : ils ont ajouté aux découvertes de Cook et de la Pérouse celles de plusieurs petits ports utiles, du détroit qui sépare les îles de la Reine-Charlotte d'avec le continent, et de l'ancien détroit de Fuca, qui a réveillé l'attention des Espagnols. Le capitaine Meares ayant communiqué la découverte qu'il avoit faite de ce dernier détroit au commandant d'un bâtiment Américain, *le Washington*, expédié de Boston, celui-ci en fit la recherche, y pénétra jusqu'à sa fin, et se trouva ensuite dans une prétendue grande mer intérieure, où il navigua plusieurs jours, suivant le rapport qu'il en fit à Meares. Ce rapport, consigné dans le journal du capitaine Meares, fit renaître l'espoir de trouver le passage si long-temps cherché, et donna lieu aux nouvelles tentatives faites ensuite de la part de l'Espagne et de l'Angleterre.

Le célèbre capitaine Bligh, commandant le navire *le Bounty*, expédié pour Otahiti en 1789, découvrit dans le sud de la Nouvelle-Zélande, par où il dirigea sa route en allant, un groupe d'îles qui portent aujourd'hui son nom ; et à son retour, qui tient du prodige, et qu'il exécuta, comme l'on sait, avec la seule chaloupe du *Bounty*, dans laquelle il fut abandonné au milieu du grand Océan par son équipage révolté, qui retourna à Otahiti avec le navire, il traversa l'archipel des îles Fiji, situées dans le nord-ouest et à peu de distance des îles des Amis, mais qui n'étoient connues encore que de nom, parce que leurs habitans étoient réputés barbares et anthropophages. Il dirigea sa route pour visiter ces îles dans un second voyage qu'il fit en 1792, et dans lequel il découvrit encore un nouveau groupe d'îles inconnues, situées dans le nord de la terre du Saint-Esprit de Quiros, et auxquelles il donna le nom de sir Joseph-Banks, au zèle duquel l'Angleterre doit une partie de ses belles découvertes en géographie.

Nous devons au voyage du capitaine Etienne Marchand, expédié de Marseille pour la côte nord-ouest de l'Amérique en 1790, la découverte d'un nouveau groupe d'îles à la suite des Marquises de Mendoça, des renseignemens positifs sur les parties de l'Amérique où il a abordé, et des observations précieuses sur la navigation. La découverte du nouveau groupe des Marquises avoit été faite quelques jours auparavant par le capitaine Ingraham, de Boston, qui s'étoit contenté de les apercevoir ; elle fut confirmée huit mois après par le lieutenant Hergest, qui y aborda en allant porter des dépêches au capitaine Vancouver : cependant elle fut révoquée en doute et contestée en France, où l'on supposoit que ces nouvelles îles étoient les mêmes que les Marquises de Mendoça ; et ce voyage intéressant, qui est le second des François autour du monde, et qui a été exécuté dans le court espace de vingt mois, restoit inconnu. A la vue du journal qu'en avoit tenu et conservé précieusement M. Chanal, un des officiers de l'expédition, M. de Fleurieu, bon juge en cette matière, pensa qu'une relation rédigée d'après des matériaux aussi exacts qu'intéressans seroit un ouvrage infiniment utile à la géographie et à la navigation, et son zèle pour le progrès des connoissances le détermina à entreprendre ce travail. On sait avec quel soin il l'a exécuté, et combien de richesses il a ajoutées à celles qu'il avoit reçues des navigateurs dont il traçoit la route. La relation du voyage de Marchand est digne de toute l'attention des marins, qui y trouveront réunies toutes les connoissances

qui peuvent intéresser leur curiosité, et les mettre en état
de reconnoître tout ce qui peut se présenter à leur vue.

M. de Fleurieu a joint à cette relation divers mémoires
qui ont tous pour but le perfectionnement de la géographie et de la navigation ; savoir : 1.° des recherches
sur les îles et le port découverts par Drake, en 1578, dans
le grand Océan austral, et qu'il prouve être les mêmes
que la partie occidentale de la terre de Feu ; 2.° l'examen
critique du voyage autour du monde fait en 1721 et
1722 par l'amiral Hollandois Roggewin, pour parvenir
à déterminer la position géographique de chacune des
découvertes de cet amiral, sur lesquelles les géographes
étoient peu d'accord ; 3.° des observations sur la division
hydrographique du globe, avec une indication des changemens à faire dans la nomenclature générale et particulière de l'hydrographie, pour éviter la confusion qui
augmente de jour en jour avec tant de découvertes nouvelles et d'intérêts divers ; 4.° l'application du système
métrique décimal à l'hydrographie et aux calculs de la
navigation, avec les moyens proposés pour en faciliter
l'établissement et des tables à cet usage. On reconnoît
dans la précision, l'exactitude et l'amour du vrai qui carac-
térisent ces différens mémoires, l'auteur d'un ouvrage
publié en 1790, sous le titre de *Découvertes des François
en 1768 et 1769 dans le sud-est de la Nouvelle-Guinée, et
Reconnoissances postérieures des mêmes terres par des navigateurs
Anglois, qui leur ont imposé de nouveaux noms, &c.* par
M. ***, ancien capitaine de vaisseau. M. de Fleurieu a su
rendre utiles à la science d'anciennes relations qui n'avoient
servi avant lui qu'à égarer ; il a cherché en même temps

les moyens de rendre aussi plus utiles les relations et descriptions futures, en substituant à des dénominations
vagues et arbitraires une nomenclature exacte et précise
qui puisse fixer les idées. Cette nomenclature vient d'être
adoptée en Espagne pour un atlas complet d'hydrographie,
dont il a paru déjà deux cartes accompagnées d'une analyse, celles de l'Océan Atlantique et du grand Océan :
c'est un hommage à la vérité, d'autant plus sincère de
la part des Espagnols, que l'auteur de l'introduction du
Voyage au détroit de Fuca se plaint amèrement de la
manière dont on a parlé des découvertes Espagnoles dans
la relation du voyage de Marchand, à la suite de laquelle
se trouve cette nouvelle nomenclature.

Le voyage de *la Pandore*, que nous avons déjà cité en
parlant du détroit qui sépare la Nouvelle-Hollande de la
Nouvelle-Guinée, est un des plus intéressans des derniers
voyages Anglois par le nombre et l'importance de ses
découvertes. Dans sa traversée des îles des Amis au détroit
nord de la Nouvelle-Hollande, ce bâtiment a visité le
petit archipel de Vavao, qu'il nomme *îles de Howe*, et
que le pilote Espagnol Don Antonio Maurelle, qui le vit
le premier en 1781, avoit nommé *Mayorga*. Il découvrit
ensuite successivement l'île Proby, nommée *Onouafou* par
ses habitans, et l'île Rotumah, situées toutes deux dans
le nord de l'archipel des Fiji; les îles Cherry et Mitre,
dans le nord de la terre du Saint-Esprit; l'île de Pitt,
au sud de l'île de Sainte-Croix; un récif qui avoit été
vu déjà par *la Bellona* en 1790, dans le sud des
îles Salomon; et enfin la chaîne immense des récifs
qui s'étendent au-devant de l'entrée du détroit de la

Nouvelle-Hollande, et où ce bâtiment périt le 18 août 1791.

L'objet principal du voyage de Vancouver étoit la reconnoissance de la côte nord-ouest de l'Amérique, qu'il a faite de la manière la plus satisfaisante : mais les recherches de cet habile navigateur ne se sont pas bornées à cette côte seule ; il dirigea toutes ses routes de manière à les rendre utiles et à procurer quelques connoissances nouvelles. Dans sa traversée pour se rendre à la côte d'Amérique, il reconnut le commencement de la côte sud-ouest de la Nouvelle-Hollande, où il aborda le 25 septembre 1791 ; il visita la baie Dusky de la Nouvelle-Zélande, et y leva les plans de deux ports nouveaux ; il découvrit ensuite les îles des Snares, Chatam et Oparo, qu'il rencontra dans sa route de la Nouvelle-Zélande à l'île d'Otahiti ; il visita cette dernière île, qui avoit été si bien décrite par Bougainville et par Cook ; et son récit de l'état où il l'a trouvée, ainsi que des changemens arrivés dans son gouvernement, est un monument précieux pour l'histoire. Il a complété la reconnoissance des îles Sandwich dans les relâches qu'il y a faites pendant les hivers des trois années qu'il a passées à la côte d'Amérique, et il a recueilli les détails les plus intéressans sur les mœurs du peuple qui les habite. A son retour, qu'il a fait par le cap de Horn, il a relâché au Chili, et nous a procuré encore des renseignemens très-instructifs sur cette partie de l'Amérique méridionale. Ce qui distingue particulièrement ce voyage, et le met au rang des plus utiles, est le grand nombre d'observations astronomiques et nautiques qui y ont été faites, pour déterminer la position des lieux et perfectionner la géographie.

Quoique

Quoique la relation du voyage de Dentrecasteaux ne soit pas encore publiée, les résultats en sont déjà connus par l'ouvrage intéressant que notre confrère la Billardière a publié sur l'histoire naturelle de toutes les terres et îles qui avoient été visitées dans cette expédition ; les découvertes géographiques qu'on y a faites, doivent trouver ici leur place. L'objet de ce voyage, entrepris en 1791 par ordre du Gouvernement François, étoit d'aller à la recherche de la Pérouse ; et la route à suivre étoit celle qu'avoit dû prendre ce navigateur infortuné à son départ de Botany-bay, d'où il avoit expédié les dernières nouvelles qu'on avoit reçues de lui. Nous ne suivrons point Dentrecasteaux dans toutes ses courses, ni les détails de ses recherches : nous nous bornerons à indiquer ses principales découvertes, qui sont, 1.º la côte sud de la Nouvelle-Hollande, à partir du cap sud-ouest ou de la pointe de Leeuwin jusqu'auprès des îles Saint-Pierre et Saint-François de la carte d'Abel Tasman ; ce qui comprend un espace de quinze degrés et demi en longitude, et fait à-peu-près la moitié de la côte sud de la Nouvelle-Hollande ; 2.º la côte sud-est de la terre de Diémen, où il trouva, derrière la baie de l'Aventure, le beau canal qui porte son nom, et qui contient plusieurs ports excellens ; 3.º la côte occidentale de la Nouvelle-Calédonie, qui n'avoit point encore été vue, et les récifs immenses qui s'étendent à la suite de cette île, du côté du nord, l'espace de deux degrés en latitude ; 4.º la côte sud de l'île Sainte-Croix, qui étoit également inconnue ; 5.º la côte sud de la terre des Arsacides, découverte par Surville en 1769, et que Dentrecasteaux a reconnue être un archipel, et le

Sciences mathématiques.   D d

même que celui des îles de Salomon , trouvé par Mendaña
en 1567 ; ce qui a confirmé l'opinion adoptée par les géographes François dès 1780 ; 6.° la côte nord de la Loui-
siade, découverte par Bougainville en 1768 , et les récifs
sans nombre qui terminent la Nouvelle-Guinée de ce côté ;
7.° la côte nord de la Nouvelle-Bretagne, des îles de
l'Amirauté et de l'île des Traîtres, situées dans le nord de
la Nouvelle-Guinée. Outre ces découvertes importantes,
nous devons à Dentrecasteaux, comme à Vancouver, la
position exacte de tous les points qu'il a rencontrés sur
sa route, et des plans détaillés de tous les lieux où il a
relâché. Il est digne de remarque que, dans ce voyage,
comme dans celui de la Pérouse qui l'a précédé, et dans
celui qu'a fait en dernier lieu le capitaine Baudin , le
Gouvernement François n'a cherché à découvrir que les
parties du globe qui restoient inconnues, ou sur lesquelles
on n'avoit que des renseignemens vagues ; ce qui prouve
évidemment qu'aucune vue d'ambition n'a dirigé ses projets , que c'est uniquement pour le progrès des connoissances qu'il a entrepris des expéditions si difficiles et
si dispendieuses.

Le voyage du capitaine James Colnett en 1793 et
1794 , pour étendre la pêche de la baleine et le commerce
Anglois, nous a fait connoître l'archipel des Gallapagos
en détail , les positions des îles Saint-Félix et Saint-
Ambor, situées vis-à-vis de la côte du Pérou, et celles des
îles des Cocos, Socorro, Saint-Bento et Rocca-Partida,
situées dans l'ouest de la côte du Mexique.

Le voyage de James Wilson en 1796 , conduisant des
missionnaires dans les différentes îles du grand Océan,

y a fait aussi quelques découvertes assez intéressantes, telles que le groupe de Duff, situé au nord de l'île Sainte-Croix, l'île de Rotumah, les îles Fiji, et plusieurs des îles de l'archipel des Carolines. Ces dernières, situées sur la route qui mène du port Jackson à la Chine, et qui est aujourd'hui très-fréquentée, attirent encore l'attention des navigateurs par les mœurs douces et paisibles des habitans déjà connus de cet archipel, qui permettent d'en attendre un bon accueil, une réception amicale, et des secours dans le besoin. Les Espagnols s'occupent plus particulièrement de la reconnoissance de cet archipel, et ils y ont déjà fait plusieurs découvertes intéressantes.

Il nous reste à parler des dernières découvertes qui ont été faites dans les mers de Tartarie et du Japon par le capitaine Anglois William Broughton, depuis 1796 jusqu'en 1798, et par le capitaine Krusenstern, commandant les bâtimens Russes *la Nadesdha* et *la Neva* dans les années 1805 et 1806. Pour en donner une juste idée, il nous suffit de dire qu'elles ont confirmé, dans toute leur étendue, les belles découvertes de la Pérouse, ainsi que les anciennes découvertes des Hollandois, et qu'elles ont achevé, en grande partie, ce qui restoit à faire pour compléter la reconnoissance entière de cette partie du globe, sur laquelle on a disputé si long-temps. Broughton a ajouté à nos connoissances celle du détroit de Sangaar, qui sépare le Japon du Jedso, et qui n'étoit point encore connu des Européens. Il a suivi ensuite la côte occidentale de l'île de Jedso, dont la Pérouse n'avoit vu que l'extrémité nord qui est placée sur le détroit de son nom. Krusenstern a déterminé avec la plus grande précision la position de Nangasaki et celle du détroit de Sangaar ; il a reconnu, comme Broughton, mais de plus près et avec plus de soin, la côte occidentale de l'île de Jedso, le détroit de la Pérouse qu'il a traversé, et ensuite la côte orientale de l'île Saghalin, l'extrémité nord de cette île, et la côte nord-ouest, qui se rapproche de la côte de Tartarie et du détroit qui a arrêté la marche de la Pérouse. Il reste, comme on le voit, peu de recherches à faire dans cette partie, et l'on doit espérer de nouveaux efforts de la compagnie de commerce Russe qui vient de former un établissement dans l'île Saghalin.

Nous avons indiqué le plus succinctement qu'il a été possible les progrès qu'a faits la géographie depuis 1789 : il nous reste, pour remplir les vues bienfaisantes du Gouvernement, à présenter les moyens qui peuvent accélérer ces progrès et accroître de plus en plus la masse des connoissances. A cet égard, il nous suffira de rappeler les grandes et belles opérations qui ont été faites dans ces derniers temps, les exemples que nous avons cités, et qu'il convient d'imiter. La géographie ne peut atteindre le degré de perfection qu'il est si important de lui donner, que par le moyen des observations astronomiques et des opérations géodésiques : le Gouvernement l'a reconnu ; il a fait rédiger au dépôt de la guerre, pour l'usage des ingénieurs-géographes, toutes les instructions dont ils peuvent avoir besoin ; il a tracé la marche qu'il convient de suivre dans toutes les opérations, et il en a ordonné l'exécution par un réglement spécial : il ne s'agit plus que de maintenir et de faire observer scrupuleusement les ordres qu'il a donnés.

La France et ses colonies sont les contrées qu'il nous importe le plus de bien connoître. Nous aurons bientôt une carte du territoire de la France suffisamment exacte pour le service de terre; mais le service de mer, la navigation, le commerce maritime, exigent que ses côtes soient relevées de nouveau avec le plus grand soin, pour en connoître tous les dangers et en rendre l'approche facile. Il en est de même de nos colonies, pour lesquelles il n'a été fait jusqu'à présent que de mauvais arpentages, et où il faut tout recommencer. Les reconnoissances faites par Vancouver à la côte nord-ouest de l'Amérique, et par Mac-Cluer à la côte de Malabar, sont des modèles à imiter pour parvenir à connoître les côtes des autres parties du monde, et sur-tout celles qui n'ont été fréquentées que par des vaisseaux marchands, plus occupés de leurs intérêts que du progrès des sciences. La relation du voyage de Marchand, publiée par M. de Fleurieu, présente aux navigateurs jaloux de se distinguer le modèle du journal qu'ils doivent tenir, une notice des observations qu'ils ont à faire, des renseignemens sur tous les objets qui peuvent se rencontrer dans leur route, et généralement toutes les connoissances qui leur sont nécessaires pour obtenir du succès. C'est au Gouvernement à exciter leur émulation; et pour cela, il lui suffit de n'accorder les places et les missions importantes qu'à des marins véritablement instruits.

A MESURE que les sciences font des progrès et que leurs limites s'étendent, on voit diminuer l'espace qui les séparoit, et la ligne de démarcation devient plus difficile

PHYSIQUE MATHÉMA-TIQUE.

à tracer. Si, d'un côté, elles font des conquêtes, elles peuvent aussi perdre quelques parties de leur domaine, qui passent dans celui de la science voisine : ainsi tout ce qui concerne la lumière, la pesanteur, le mouvement et le choc des corps, est aujourd'hui presque uniquement du ressort de la géométrie ; on a même tenté de soumettre au calcul les phénomènes du magnétisme et de l'électricité. Le galvanisme, né de nos jours, sembloit devoir dédommager la physique de ces pertes. La pile de Volta, qu'elle comptoit au nombre de ses inventions les plus ingénieuses, passe entre les mains des chimistes, et devient l'instrument des découvertes les plus difficiles et les moins espérées. La nouvelle direction des esprits, qui les porte à s'éloigner d'un champ presque épuisé pour en cultiver un autre qui promet des moissons plus abondantes, a dû faire négliger en ces derniers temps les recherches qui constituoient plus particulièrement la physique ; mais, si elle n'a plus tout l'éclat dont elle a brillé long-temps, nous pouvons encore citer d'elle des travaux heureux et dignes d'attention. La balance électrique avec laquelle Coulomb avoit trouvé la loi des attractions et des répulsions, n'a pas été moins heureuse entre ses mains, quand il eut l'idée de l'appliquer à la mesure des effets magnétiques. Par elle, il fut démontré qu'ils suivoient aussi la loi du carré des distances ; elle fit trouver des preuves de magnétisme dans tous les corps, sans en excepter même ceux qui en paroissent le plus dénués. On objectoit que ces foibles indices pouvoient appartenir aux particules de fer restées dans ces différens corps, malgré les soins que des chimistes distingués avoient pris pour en purger ceux

que Coulomb avoit soumis à l'expérience : mais, à l'aide
de sa machine, en mesurant la force magnétique d'un
poids donné de limaille, il a déterminé la quantité des
particules de fer qu'il faudroit supposer uniformément
répandues dans tous les corps pour expliquer les effets
observés ; et cette quantité est telle, qu'elle auroit dû se
manifester dès les premiers essais faits pour l'en retirer.
Cette même balance qui lui faisoit apprécier les moindres
restes de magnétisme, a donné à M. Coulomb les moyens
d'évaluer le degré de chaleur qui le feroit entièrement
disparoître. Ce travail est le dernier que Coulomb ait
communiqué à l'Institut ; il n'a pas eu le temps de le
compléter par les nouvelles expériences qu'il projetoit :
il n'a pas vécu assez pour voir une belle application en
grand de ses idées, dans les recherches de M. Cavendish
sur la densité de la terre. Quand on examine l'appareil
décrit par ce savant dans les Transactions philosophiques
de 1798, on y retrouve toutes les idées de M. Coulomb :
le principe fondamental est la force de torsion d'un fil
auquel est suspendue une aiguille dont l'extrémité porte
une petite sphère, de laquelle on fait approcher le globe
plus massif dont on veut déterminer l'attraction ; seulement toutes les dimensions sont considérablement aug-
mentées. Au lieu du cylindre de verre dont le rayon n'a
pas deux décimètres, on voit une grande chambre soigneusement fermée, des lunettes qui traversent les murs
pour évaluer la plus légère torsion, enfin toutes les recherches qu'une grande fortune, jointe à un grand zèle
et de vastes connoissances, a pu réunir. M. Cavendish
est, au reste, loin de s'attribuer l'idée primitive ; il en fait

honneur à l'un de ses compatriotes, M. Mitchell, qui l'avoit eue, dit-il, bien des années avant *[many years ago]*, mais qui n'avoit eu le temps ni de la mûrir ni même de l'exécuter. M. Cavendish nous apprend que la machine avoit passé ensuite entre les mains de M. Wollaston, qui, n'ayant pas de local assez vaste pour s'en servir, lui en a fait présent. M. Cavendish a fait lui-même quelques changemens à l'appareil de M. Mitchell : dans une note il rend justice à M. Coulomb, et il ajoute que M. Mitchell lui avoit assuré avoir eu cette intention, *et l'idée de la méthode*, avant la publication d'aucun des mémoires de M. Coulomb.

Quoi qu'il en soit, le travail de M. Cavendish est très-important et très-curieux : on y trouve le détail des expériences, des formules et des calculs ; et par le résultat définitif, la densité de la terre est *cinq fois et demie* plus grande que celle de l'eau ; l'incertitude n'est pas d'un quatorzième du total : cependant les observations de M. Maskelyne auprès de la montagne Shehallien, en Écosse, ne donnoient que *quatre et demi*.

Cette différence considérable entre la densité de la terre et celle de l'eau pourroit faire croire que, dans des mesures de degrés du méridien, il seroit dangereux d'établir les stations extrêmes trop près du bord de la mer : l'attraction plus forte du continent feroit dévier les deux fils à plomb ; l'amplitude seroit augmentée de la somme des deux erreurs. Heureusement à Dunkerque l'observatoire étoit à deux mille mètres de la mer : mais, à Barcelone et à Montjouy, la distance étoit moins grande ; et peut-être eût-il mieux valu prendre pour terme le mont Valvidrera, qui est plus avant dans les terres. Le rapport trouvé par

M.

M. Cavendish pourroit servir à calculer la déviation du fil ; mais il faudroit y joindre la profondeur de la mer, la pente et la figure du fond, qu'il sera toujours trop difficile de déterminer avec exactitude.

Toute sa vie M. Coulomb s'étoit occupé des moyens de perfectionner les boussoles d'inclinaison et de déclinaison ; l'inclinaison sur-tout étoit bien difficile à déterminer avec quelque précision : il avoit montré les erreurs des anciennes boussoles, et présenté des moyens qui n'avoient pas les mêmes inconvéniens ; il avoit perfectionné la méthode de Mitchell pour donner au barreau le plus haut degré de magnétisme. MM. Borda et Laplace avoient trouvé des formules pour calculer les inclinaisons par le nombre d'oscillations observées. M. Gilpin, dans les Transactions philosophiques, a publié une suite considérable d'observations faites avec un soin extrême, qui prouvent que l'inclinaison, tout aussi-bien que la déclinaison, est sujette à des variations diurnes, et à un mouvement continuel et progressif qui paroît de cinq minutes, dont elle diminue maintenant chaque année. Le même mémoire renferme une longue suite de variations, soit diurnes, soit séculaires, de la déclinaison. M. de Cassini a publié un grand nombre d'observations de même genre, qu'il a faites avec une boussole construite d'après ses idées, et dont il nous a donné la description. Une autre boussole, dans laquelle à la suspension de M. Coulomb il a su réunir les avantages du cercle répétiteur de Borda, sert encore aux observations qu'on fait journellement à l'Observatoire impérial. M. de Humboldt vient d'exécuter un travail encore plus considérable sur les variations diurnes de la déclinaison : plus de quatorze mille observations faites, sur-tout aux environs des solstices et des équinoxes, pendant le jour et la nuit (avec une lunette aimantée de M. de Prony, qui donne les angles à deux secondes), lui ont fait remarquer des irrégularités singulières, et des espèces d'orages magnétiques qui ont lieu avant le lever du soleil, et qui se font sentir plusieurs nuits de suite, et toujours à la même heure.

D'après les expériences de la Pérouse et de M. de Humboldt, M. Biot avoit tenté de déterminer les pôles magnétiques de la terre, et leur position par rapport à l'équateur terrestre. MM. de Humboldt et Gay-Lussac ayant fait depuis des observations exactes en Italie, en Espagne et en Allemagne, les ont toutes comparées à la théorie de M. Biot : il paroît en résulter que la position de l'équateur magnétique auroit besoin d'une correction, soit dans l'angle, soit dans les nœuds ; mais, pour perfectionner cette théorie, il faudroit un grand nombre d'observations en des points fort éloignés, qui eussent la même exactitude que celles de MM. de Humboldt et Gay-Lussac. Il résulte encore de ces expériences, que l'influence des grandes chaînes de montagnes, telles que les Alpes, et celle des volcans, comme le Vésuve, sont à-peu-près nulles. L'ascension aérostatique de MM. Biot et Gay-Lussac prouve non moins évidemment que les plus grandes hauteurs auxquelles il est donné à l'homme de s'élever, n'ont pas d'effet plus sensible sur les forces magnétiques, quoiqu'à des hauteurs beaucoup moindres, mais par des observations bien moins certaines, d'autres aéronautes eussent assuré le contraire.

Pour mesurer ces hauteurs, divers physiciens avoient trouvé des formules un peu différentes, qui toutes supposent les poids absolus de l'air et du mercure. M. Ramond avoit comparé toutes ces formules avec les nombreuses expériences qu'il avoit faites dans les Pyrénées ; il trouvoit une légère correction à faire au coefficient déterminé par M. Laplace d'après d'anciennes expériences. M. Biot, ayant recommencé ces expériences avec des soins nouveaux, des instrumens plus parfaits, et des méthodes de calcul plus rigoureuses, a trouvé qu'en effet le coefficient devoit être tel que les expériences l'avoient indiqué à M. Ramond : nous avons déjà fait remarquer une conformité toute semblable entre les expériences physiques de M. Biot et les observations astronomiques de MM. Piazzi et Delambre, au sujet des réfractions. M. Ramond a donné le détail des précautions et des règles qui l'ont conduit à une précision que n'avoient pas les expériences de Deluc et de Saussure ; il démontre l'influence des heures, celle des stations et celle des météores. On peut presque toujours choisir les heures, et la plus favorable est vers le milieu du jour ; le matin et le soir, les hauteurs paroîtroient trop petites : on peut, jusqu'à un certain point, choisir les stations ; mais quant aux météores, il n'y a d'autre moyen que celui de ne point observer tant qu'ils durent. En plaine, et à de petites distances, le baromètre ne donne pas la même précision dans les hauteurs mesurées.

Cet instrument présentoit aux physiciens un phénomène dont on n'avoit pas encore trouvé la cause, et qui avoit été remarqué par Fourcroy, officier général dans le corps du génie. Des bulles presque imperceptibles, mais

en assez grand nombre, s'élèvent fréquemment de la surface du mercure vers le sommet concave du tube : il étoit
prouvé que cet effet n'étoit pas dû à la chaleur ; on l'avoit
observé, à la fin d'un hiver, dans un cabinet où l'on
n'avoit jamais fait de feu. M. Messier, par plusieurs
expériences, prouva qu'il étoit produit par les rayons du
soleil qui tomboient directement sur le baromètre, et
même sur la partie vide du tube exclusivement ; car si
l'on couvroit de papier cette partie supérieure du tube,
l'effet cessoit entièrement.

MM. Biot et Arago, dans le travail, déjà cité plusieurs
fois, *sur les affinités des corps avec la lumière, et sur les forces
réfringentes de différens gaz,* ont trouvé que ce pouvoir dans
le gaz hydrogène est plus de six fois aussi grand que dans
l'air atmosphérique, ainsi que M. Laplace l'avoit annoncé ;
que les réfractions d'un même gaz sont rigoureusement
proportionnelles aux degrés de densité ; que la grande
réfraction du diamant semble indiquer qu'il est en partie
composé d'hydrogène, et non pas simplement de carbone
pur, comme d'autres expériences pouvoient le faire croire :
car il paroît prouvé que le pouvoir réfringent d'un composé quelconque se forme des pouvoirs réfringens particuliers de ses principes, dans la même proportion suivant
laquelle ces principes sont combinés, sauf un léger accroissement produit par la condensation.

PENDULE. PENDANT que les astronomes François travailloient a
déterminer la grandeur de la terre pour en faire la base
d'un système de nouvelles mesures, M. Shuckburgh, en
Angleterre, cherchoit à fixer le rapport des mesures

Angloises avec le pendule qui bat les secondes à la latitude de 51° ½ ; il se servoit de deux pendules, dont l'un battoit quarante-deux fois et l'autre quatre-vingt-quatre dans une minute. Ces expériences, faites avec un très-grand soin, devoient donner ce rapport avec une extrême précision ; mais la plus grande difficulté devoit se trouver où on l'attendoit le moins. Deux étalons également authentiques des mesures Angloises, celui de la Tour de Londres et celui de la cour de l'Échiquier, quoique faits tous deux par des artistes d'une très-grande réputation (Graham et Bird), se sont trouvés différer entre eux d'une manière sensible (1), qui a prouvé le danger de ces mesures arbitraires dont le modèle naturel n'existe nulle part, qu'on ne peut suffisamment vérifier, qui peuvent s'altérer et se perdre sans retour.

L'exemple de lier ainsi la mesure usuelle à la longueur du pendule avoit été dès long-temps donné en France, d'abord par Picard, ensuite par Mairan. En 1792, Borda, par des expériences très-exactes et souvent répétées, avoit déterminé la longueur du pendule qui bat les secondes à la latitude de 48° 50′ 14″ ; il faisoit osciller une boule d'or et une boule de platine portées par un fil très-fin. Au moyen d'une lunette fixe, il jugeoit avec une précision jusqu'alors inouie la coïncidence de son pendule avec celui de l'horloge astronomique de l'Observatoire. Pour mesurer la longueur du fil entre le point de suspension et le centre de la boule, il avoit une règle de platine toute semblable, à la longueur près, aux règles de platine qui ont servi aux mesures des bases à Melun et à Perpignan. Par un mécanisme très-simple, on pouvoit

(1) Environ 0^{lig}.096 sur 3 pieds, $\frac{1}{11}$ de ligne sur une toise Angloise.

changer à volonté le diamètre qui se trouvoit sur le prolongement du fil, et rendre nul le défaut de sphéricité si la boule en avoit un. Borda, par ses observations, avoit confirmé celles de Mairan, et les siennes ont été vérifiées depuis par M. Biot, avec quelques changemens dans l'appareil.

DILATATION
DES
MÉTAUX.

MM. Borda et Lavoisier avoient encore exécuté en 1792, avec l'aide de M. Lenoir, des expériences nombreuses et très-soignées, pour reconnoître les variations que le changement de température produit dans la longueur des règles de platine et de laiton. La règle de laiton, fixée invariablement par un bout, et libre seulement de s'alonger par l'autre, marquoit, par un vernier appliqué sur les deux règles, la dilatation relative pour tous les degrés de température. Ces changemens, multipliés par un nombre constant, dénotoient l'alongement absolu dans la règle de platine au temps de la mesure des bases, sans qu'on eût besoin de consulter d'autres thermomètres, qui n'auroient donné des indications ni si précises ni si fidèles : car, quoi qu'on fasse, on ne peut jamais tenir le thermomètre assez près de la règle pour que la température de l'une soit bien certainement celle de l'autre ; et il est bien difficile que la chaleur se communique avec la même rapidité dans le platine de la règle et dans la colonne de mercure du thermomètre. Ces règles étoient encore remarquables par une petite languette armée d'un vernier qui glissoit entre deux coulisses, pour remplir et mesurer l'intervalle qu'on avoit exprès laissé entre les règles, afin d'éviter tout choc et tout dérangement pendant l'opération. Ces règles, aussi simples qu'exactes et commodes, étoient de l'invention de Borda, qui avoit encore imaginé un niveau d'une espèce nouvelle, d'une vérification facile, et qui donnoit, par deux observations conjuguées, la double inclinaison des règles par rapport à l'horizon.

Quelques années auparavant, le major général Roy et M. Shuckburgh avoient fait des expériences très-précises et très-variées sur la dilatation des métaux et du verre ; et M. Ramsden avoit inventé une chaîne d'acier, des règles de métal, des cylindres de verre, avec d'autres appareils ingénieux, pour la mesure des bases de Hounslow-heath et de Romney-marsh.

La détermination du kilogramme a été l'occasion de recherches sur le degré du thermomètre qui répond à la plus grande densité de l'eau : ce point étoit très-important pour avoir un étalon invariable du poids usuel, puisque le kilogramme n'est autre chose que le décimètre cube d'eau. Pour retrouver ce poids en tout temps, il falloit l'eau la plus pure, la plus homogène ; on a choisi l'eau distillée. Il falloit encore fixer la densité, et l'on a cherché la plus grande. Ce n'est point celle de l'eau à la température de la glace fondante ; on le soupçonnoit déjà : mais l'expérience a donné plus exactement cette température, qui est celle de quatre degrés du thermomètre centésimal. (M. le comte de Rumford a prouvé de même, par des expériences extrêmement ingénieuses, que le *maximum* de densité est de quelques degrés au-dessus de la glace fondante.)

Ces expériences délicates, ainsi que toutes les pesées du cylindre de cuivre d'après lequel on a conclu l'étalon des poids, sont dé MM. Lefévre-Gineau et Fabbroni.

M. Van-Swinden, dans son rapport lu dans une assemblée publique de l'Institut, a rendu compte des précautions scrupuleuses que les commissaires ont employées dans ces recherches difficiles; et le journal des opérations va bientôt paroître dans le tome III de *la Base du système décimal*, maintenant sous presse.

La brillante découverte de Galvani, les phénomènes extraordinaires que ce savant observa le premier, en établissant, 'au moyen d'un arc métallique, une communication entre les muscles et les nerfs d'une grenouille, attirèrent l'attention des physiciens, qui s'attachèrent à l'envi à répéter et à varier les expériences. On attribua d'abord au fluide électrique tous ces effets qui paroissoient indiquer une branche toute nouvelle de physique, de laquelle on attendoit les fruits les plus importans pour l'économie animale, et peut-être quelques lumières sur le principe mystérieux de la vitalité. Si toutes ces brillantes espérances n'ont pas été réalisées, malgré les nombreuses recherches de Galvani et de son neveu M. Aldini, qui, dans son Essai sur le galvanisme, a donné l'histoire de ses idées et des expériences qu'il a exécutées plus en grand, enfin malgré le concours de tous les savans, parmi lesquels nous citerons M. de Humboldt, qui eut le courage de se soumettre à des effets qu'on ne pouvoit connoître qu'extérieurement et d'une manière trop imparfaite quand on les observoit dans les animaux ou dans les cadavres, nous avons du moins vu naître, au milieu de tous ces efforts, une machine nouvelle et puissante, qui, entre les mains des chimistes, peut conduire à des découvertes non moins inattendues et peut-être aussi importantes pour l'humanité.

l'humanité. On voit que nous parlons de la pile de Volta.

Ce célèbre physicien avoit remarqué que si deux métaux différens et isolés sont mis en contact, ils se constitueront en deux états opposés d'électricité, qu'ils manifesteront si l'on vient à les séparer. Pour rendre les effets plus sensibles, il imagina de multiplier les disques de métal réunis par leurs bases ou par l'une de leurs surfaces, et d'interposer des corps humectés d'eau, dont l'effet se borne à transmettre le fluide d'un métal à l'autre. Les effets chimiques de la pile de Volta n'appartiennent pas à cette partie de notre Rapport; nous devons nous borner à la théorie mathématique et à la loi suivant laquelle l'électricité se distribue entre les différentes parties de l'appareil. M. Biot en a donné l'analyse, presque toute fondée sur les propriétés les plus simples de la progression arithmétique; il a calculé l'état de la pile lorsqu'elle est isolée, et ensuite lorsqu'elle communique avec le réservoir commun. De ces formules, il déduit la quantité de la charge, et plusieurs conséquences curieuses, dont voici les principales : le condensateur se charge beaucoup moins quand la pile est isolée; vers le milieu de la pile, il se trouve une plaque qui est dans son état naturel; le rang de cette pièce dépend du nombre des plaques et de la force du condensateur; le passage du positif au négatif se fait plus près de l'extrémité supérieure à mesure qu'un condensateur plus fort est appliqué à cette extrémité; la pile peut même devenir entièrement négative; la tension varie dans la plaque supérieure, suivant que le condensateur est appliqué à des plaques qui en sont plus ou moins éloignées; cette tension diminue lorsqu'on place le condensateur dans la moitié

Sciences mathématiques. F f

supérieure de la pile ; elle augmente si on le place dans la moitié inférieure : dans le premier cas, le condensateur se charge positivement ; c'est le contraire dans le second.

La même théorie pourroit également rendre raison de plusieurs phénomènes que présente la pile ; mais il faudroit des données exactes, qui ne peuvent être tirées que d'observations très-difficiles : elle repose d'ailleurs sur cette supposition, que l'excès d'électricité du zinc sur le cuivre est constant pour ces deux métaux, soit qu'ils se trouvent ou non dans l'état naturel ; mais les commissaires, à qui cette supposition paroît la plus probable de toutes, n'ont point encore eu l'occasion de faire les expériences délicates qui pourroient la constater.

C'est d'après ce rapport, fait au nom d'une commission composée de douze membres, que la classe des sciences a décerné la médaille de l'Institut, en or, à M. Volta, *comme un témoignage de satisfaction de la classe pour les belles découvertes dont il vient d'enrichir la théorie de l'électricité, et comme une preuve de reconnoissance pour les lui avoir communiquées.* L'illustre physicien qui a joint ce service éclatant à tant d'autres qu'il avoit déjà rendus à la science, a trouvé un prix encore plus flatteur dans l'usage heureux qu'on a fait de sa découverte, dans les espérances qu'elle a fait concevoir et qu'elle a en partie réalisées, enfin dans le décret impérial qui propose un grand prix de 60,000 francs *à celui qui fera désormais faire à la théorie un pas comparable à ceux de Franklin et de Volta.*

Tels sont les accroissemens que la physique a reçus dans l'intervalle de temps dont nous sommes chargés de

présenter l'histoire ; tels sont du moins ceux qui sont
parvenus à notre connoissance. Si nous ne sommes pas
entrés dans de plus grands détails, c'est que nous n'avions
à rappeler que des faits bien connus, dont l'histoire et la
théorie sont exposées d'une manière lumineuse dans le
nouveau Traité de physique de M. Haüy ; ouvrage qui
peut se compter aussi parmi les acquisitions intéressantes
que la science vient de faire, puisqu'il est le tableau le plus
complet de sa situation actuelle, et qu'il a tenu tout ce que
promettoit le nom de son auteur. On sait que M. Haüy,
le premier, a su introduire la géométrie dans une partie
de l'histoire naturelle qu'il a, pour ainsi dire, créée, en
trouvant les-lois mathématiques qui en marquent d'une
manière si heureuse et si précise les divisions et sub-
divisions, les genres et les espèces. Nous renverrons même
à cet ouvrage pour plusieurs recherches auxquelles nous
n'aurions pu donner une étendue convenable, et qui d'ailleurs ne paroissent pas entièrement terminées ; telle est,
entre autres, la théorie des couleurs accidentelles, traitée
par M. le comte de Rumford, M. Prieur (de la Côte-d'Or)
et M. Hassenfratz : on y trouvera l'explication ingénieuse
que Scherffer a donnée de ces phénomènes, et l'hypothèse
beaucoup plus satisfaisante de M. Laplace. On peut voir
aussi, dans le même Traité, le moyen découvert par
M. Libes pour exciter la vertu électrique dans le taffetas
gommé, et ceux qui, servant à vérifier l'expérience, en
font aussi mieux ressortir les résultats.

L'HYDRAULIQUE est une des branches les plus impor- HYDRAULIQUE.
tantes des sciences mathématiques et physiques appliquées

F f 2

aux usages civils ; elle exigeroit de ceux qui s'y dévouent, les connoissances les plus profondes et les plus variées, les principes de calcul et de mécanique rationnelle, qui ne se trouvent que dans les ouvrages des savans, et la théorie des arts, qui ne s'acquiert que dans les ateliers et par un commerce fréquent avec les ouvriers qu'il faut diriger et surveiller. Le traité où Belidor avoit réuni les méthodes de Galilée, Guglielmini, la Hire, Couplet et Parent, étoit depuis long-temps le seul guide des constructeurs qui vouloient raisonner et calculer leurs projets : ainsi les progrès immenses que la mécanique rationnelle avoit faits entre les mains d'Euler, de d'Alembert, et de MM. Lagrange et Laplace, étoient restés sans application réelle aux arts de construction. L'Architecture hydraulique, dont M. de Prony a fait paroître le premier volume en 1790, est le premier ouvrage élémentaire de mécanique où les directions des forces, leurs points d'application, et, en général, les systèmes sur lesquels elles agissent, aient été rapportés à trois plans coordonnés suivant les nouvelles méthodes. On eut, pour la première fois, des démonstrations élémentaires des équations les plus générales de l'équilibre et du mouvement des fluides ; un traité sur les machines et les moteurs beaucoup plus complet que tous ceux qui l'avoient précédé, tant pour la partie rationnelle que pour la partie expérimentale ; d'amples détails contenus dans des notes très-étendues sur l'application de la nouvelle chimie pneumatique ; la détermination des lois de l'action de la vapeur dans les machines à feu ; enfin l'exposition entière de toutes ces machines, dont on n'avoit encore décrit que celles qui avoient été construites dans l'enfance de l'art.

Cette seconde partie, publiée en 1796 avec des notes et des additions de M. Garnier, en laisse encore desirer une troisième, ou plutôt une nouvelle édition plus complète, dans laquelle l'auteur pourroit fondre toutes les idées qu'une longue expérience, soit dans l'exécution, soit dans l'enseignement, a pu lui fournir pour tout ce qui regarde les arts de construction.

A l'occasion des disputes sérieuses qu'avoit fait naître, il y a vingt ans, la solidité du pont de Neuilly, le même auteur avoit donné une nouvelle théorie de la stabilité des voûtes, dans laquelle il déduisoit des équations aux différences finies et infiniment petites du problème, les formes et les dimensions des voussoirs, les courbes d'intrados et d'extrados, et tous les élémens des épures des voûtes stables par elles-mêmes, en ramenant ces déterminations aux calculs et aux constructions les plus simples.

Dans un mémoire *sur le jaugeage des eaux*, imprimé parmi les pièces relatives au canal de Saint-Quentin, il a donné des méthodes faciles, par lesquelles il détermine le volume d'eau qui s'échappe d'un pertuis quelconque, d'une manière indépendante des lois incertaines de l'écoulement.

On connoît les belles expériences de Dubuat sur les eaux courantes ; mais, pour en déduire des formules pratiques, cet auteur estimable a eu recours à des tâtonnemens qui n'ont pas été toujours également heureux. M. de Prony, en rassemblant les meilleures expériences sur les mouvemens de l'eau dans les tuyaux de conduite et les canaux découverts, est parvenu sans tâtonnement, par une marche sûre et directe, dans ses *Recherches physico-mathématiques sur le mouvement des eaux courantes*, à représenter tous les phénomènes beaucoup plus exactement par de simples fonctions algébriques de la forme $a + bx + cx^2$, si connue des géomètres et des astronomes ; nouvel exemple des secours mutuels que peuvent se prêter les sciences qui embrassent les objets les plus différens.

Occupé sans relâche à faire tourner au profit des arts de construction ses vastes connoissances en mathématique, M. de Prony, dans son travail *sur la poussée des terres, sur les formes et les dimensions des murs de revêtement*, a trouvé, par un théorème tout-à-fait nouveau, toutes les règles de pratique qu'il avoit besoin d'établir, et qu'il a réunies en un tableau ou espèce de formule graphique qui met tous les résultats à la portée même des ouvriers.

Nommé professeur de mécanique à l'École polytechnique dès la création de ce grand et bel établissement, M. de Prony a bientôt senti la nécessité de ramener à la portée du plus grand nombre de ses élèves les théories savantes des géomètres modernes, de préparer à ses auditeurs les voies qui pourroient les conduire aux connoissances les plus transcendantes : c'est l'objet de sa *Mécanique philosophique*, où l'on trouve, parmi les principes qui font aujourd'hui le domaine commun de la science, des idées et des méthodes qui lui sont propres, et qui ont passé presque aussitôt dans divers ouvrages élémentaires adoptés dans l'enseignement public.

Avant de quitter tout-à-fait la mécanique rationnelle pour passer à la mécanique pratique, nous allons réparer une omission involontaire qui nous étoit échappée, parce que nous n'avions pas eu l'occasion de voir l'ouvrage Italien de M. Fossombroni sur le principe des vîtesses virtuelles.

Nous avons dit que plusieurs auteurs s'étoient exercés avec succès à trouver diverses démonstrations de ce principe fondamental. Avant eux, M. Fossombroni, dans l'ouvrage que nous venons de citer, et qui a paru en 1796, étoit parvenu à mettre ce principe hors de doute ; non pas, il est vrai, par une démonstration directe et générale, mais par l'énumération de tous les cas où il s'applique, et dans lesquels l'auteur s'attache à faire voir que l'on peut toujours arriver, par la considération des circonstances particulières, à l'équation générale donnée par M. Lagrange, qui l'a nommée *équation des momens* : cette équation est infinitésimale. M. Fossombroni, non content de la démontrer dans toutes les suppositions possibles, prouve encore qu'elle s'étend même souvent aux quantités finies ; et il distingue avec soin tous les cas où la nouvelle formule, qu'il appelle *équation des forces,* est d'une exactitude rigoureuse, d'avec ceux où elle pourroit induire en erreur.

A l'article ANALYSE, nous avons exposé les progrès de MÉCANIQUE. la mécanique rationnelle. Il nous reste à parler des machines les plus remarquables qui ont pu venir à notre connoissance ; et l'on n'aura pas lieu d'être surpris si nous commençons cet exposé par les instrumens d'astronomie et par ceux que leurs auteurs ont présentés à l'Institut. Pour le reste, nous ne saurions mieux faire que de consulter les notes que M. Molard, mécanicien distingué, directeur du conservatoire des arts, a bien voulu nous communiquer.

Nous avons déjà indiqué les principaux avantages du cercle répétiteur (inventé par Borda), dont toutes les parties sont si ingénieusement combinées pour rendre les observations indépendantes des erreurs de l'artiste et de l'astronome, et dispenser même de ces vérifications difficiles et souvent incertaines qu'exigent les grands muraux, employés jusqu'ici presque exclusivement à la détermination des points fondamentaux de l'astronomie. Le cercle répétiteur a été transporté, imité même, en diverses parties du continent : on a voulu principalement affranchir l'astronome de la nécessité d'avoir un second pour soigner le niveau ; on a voulu remplacer ce niveau par le fil à plomb. Nous avons vu citer avec éloge les cercles des artistes Allemands, et particulièrement ceux de M. Reichenbach. M. de Zach possède un de ces instrumens, qu'il annonce comme *la merveille des merveilles :* ce suffrage est très-imposant, et sera sans doute fortifié de ceux de tous les astronomes, quand M. de Zach aura publié ses observations ; c'est alors seulement qu'on pourra juger sans prévention et avec certitude. En France, M. Lenoir, qui avoit exécuté les premiers cercles sous la direction de Borda, qui avoit été le confident de toutes les idées de l'inventeur, a tenté pareillement de rendre inutile le second observateur ; mais, au lieu de remplacer le niveau, il s'est attaché à donner une position exacte et inébranlable à l'axe vertical, et à faire que le cercle pût recevoir un mouvement azimuthal de trois cent soixante degrés, sans que la bulle du niveau éprouvât le moindre dérangement. M. Fortin, en adoptant ces changemens, a tâché de rendre le niveau plus sensible encore, pour assurer d'autant mieux la verticalité de l'axe ; il a fortifié les différentes parties du support, pour éviter la moindre flexion. M. Biot vient d'emporter ce cercle pour déterminer la hauteur du pôle

à

à Formentera. M. Lenoir vient aussi d'adapter le nouveau mécanisme dont il est le premier inventeur, au cercle avec lequel M. Delambre a mesuré la méridienne. Le nouvel appareil a donné la distance d'un objet terrestre au zénith, avec le succès le plus complet et le plus constant. Les observations du soleil n'ont pas donné la même exactitude ; mais l'erreur vient évidemment de l'effet de la chaleur sur la bulle, qui, en été, ne conserve pas deux instans de suite la même longueur. Les changemens imaginés par M. Lenoir sont d'autant plus avantageux, qu'en rendant le second observateur moins nécessaire, ils ne l'excluent pourtant pas, et que, s'il est présent, ils ne font que faciliter les fonctions qui lui sont attribuées. Un observateur isolé pourra donc tirer souvent un parti fort avantageux du cercle répétiteur. Remarquons pourtant que tous les artistes ne sont pas des Lenoir et des Fortin ; et qu'en modifiant la construction primitive de Borda, l'on perdra nécessairement un avantage précieux, celui qui rendoit l'astronome indépendant du plus ou moins de talent ou de soin de l'artiste.

Les hauteurs de deux cents points de la méridienne au-dessus du niveau des deux mers ont prouvé l'excellence du cercle répétiteur pour un nivellement en grand ; les triangles de la méridienne ont démontré la sûreté du principe de la répétition pour anéantir les erreurs ; et la régularité des séries a prouvé de plus que les irrégularités de division, contre lesquelles on cherchoit à se prémunir, n'étoient pas, à beaucoup près, aussi considérables qu'on avoit lieu de le craindre, et le plus souvent on les croiroit presque nulles.

Sciences mathématiques. G g

Le mémoire de M. Mudge, dans les Transactions philosophiques, paroît prouver que l'exactitude du nouveau
théodolite de Ramsden n'est guère moins remarquable.
On n'en pouvoit juger aussi bien par le mémoire du major
général Roy, qui s'étoit permis de supprimer les angles
dont il n'étoit pas content ; alors il concluoit le troisième
d'après la somme des deux premiers : mais, M. Mudge
ayant tout publié, on voit que la somme des trois angles
est par-tout, à très-peu près, ce qu'elle doit être quand
on a égard à la courbure de la terre. Cette grande précision est due toute entière à celle de la division ; car
l'instrument n'est pas répétiteur : on peut, il est vrai,
changer entre certaines limites le point de départ ; mais
il paroît que ce changement est ou difficile, ou accompagné de quelques inconvéniens, puisque les observateurs
n'y ont presque jamais recours.

M. Troughton, qui, depuis la mort de Ramsden, est
l'artiste le plus célèbre de l'Angleterre, a donné cette
même mobilité du point de départ au cercle entier avec
lequel M. Pond a vérifié les déclinaisons des principales
étoiles ; mais il paroît que M. Pond n'en a pas plus profité
que MM. Roy et Mudge, probablement pour les mêmes
raisons.

Nous sommes obligés de renvoyer au livre de M. Piazzi
(*Specola di Palermo*) pour la description du cercle vertical
et azimutal de Ramsden, et aux Transactions philosophiques, pour le grand secteur dont on vient de se servir
dans la mesure des degrés d'Angleterre ; mais nous n'hé-
sitons pas à reconnoître que ces divers instrumens, les
théodolites et les lunettes méridiennes du même artiste,

sont, chacun dans son genre, ce qu'on a jamais exécuté de plus précis, de plus ingénieux et de plus beau. Cette justice que nous nous plaisons à rendre aux talens du célèbre étranger, nous met en droit peut-être d'avouer ici que nous avons quelques doutes sur les merveilles qu'on nous raconte des petits sextans du même artiste : sans doute ces instrumens ont toute la précision dont ils sont susceptibles par leurs dimensions ; mais il est probable qu'un peu d'exagération s'est glissée dans les comptes avantageux qu'on a rendus de leurs effets.

La science de la mesure du temps, et l'art de l'horlogerie qui en exécute les combinaisons, ont été portés à un très-haut degré de perfection dans le dernier siècle (de 1760 à 1782); cette époque est sur-tout remarquable par l'invention des horloges et des montres servant à déterminer les longitudes en mer, et par les travaux des artistes savans à qui elle est due, *Harrison, Pierre Leroy, Ferdinand Berthoud, Émery, Arnoldt* et *Thomas Mudge*. Cette importante découverte a été constatée par des épreuves authentiques faites en mer, tant en Angleterre qu'en France, dès 1761, 1763, 1768 et 1771 : les principes qui servent de base à la justesse de ces machines, ont été publiés par leurs auteurs en 1767, 1770, 1773, &c. Mais, si l'époque de 1789 à 1806 n'est point aussi féconde en inventions, l'art de l'horlogerie n'en a pas moins été cultivé avec zèle et succès.

En 1792, Ferdinand Berthoud a publié un *Traité des montres à longitude,* qui contient la construction des petites horloges ou montres à longitude, et celle d'une horloge

HORLOGERIE.

Gg 2

astronomique perfectionnée, avec l'échappement libre, et destinée par son auteur à observer la durée des révolutions du soleil, lorsque la terre est plus près ou plus éloignée de cet astre.

Dans les Transactions philosophiques de 1794, on trouve la description d'un échappement très-ingénieux, inventé par Thomas Mudge ; cet échappement a été depuis perfectionné par M. Bréguet, habile artiste de Paris. Vers cette même époque, M. Louis Berthoud a exécuté des montres à longitude qui lui ont mérité le prix proposé par l'Institut. Le même artiste a exécuté pour l'Observatoire impérial une horloge astronomique, dans laquelle les effets du frottement sont diminués par des procédés extrêmement ingénieux.

M. Ferdinand Berthoud a publié, en 1797, la *Suite du Traité des montres à longitude.* Cet ouvrage contient la construction des petites horloges à longitude rendues plus simples, et destinées à l'usage général des navigateurs, en cherchant les moyens de réduire le prix de ces machines, et de les mettre par-là à la portée des officiers de la marine marchande. A cet effet, l'auteur a instruit un artiste (M. Martin), qui s'occupe en ce moment de ce nouveau travail ; et dès l'année 1802, Ferdinand Berthoud avoit construit et fait exécuter des montres qui sont également propres à déterminer les longitudes à la mer et celles des lieux terrestres, d'après un projet qu'il avoit annoncé dès 1775, comme on le voit page 68 de son ouvrage intitulé *les Longitudes par la mesure du temps,* dans lequel il enseigne l'usage des montres pour la détermination des longitudes.

En 1799, parut à Londres la Description du *garde-temps* ou *montre à longitude*, construite par Thomas Mudge.

Dès 1789, un artiste célèbre de Paris, Antide Janvier, construisit une horloge à sphère mouvante, aussi savante qu'ingénieuse et parfaitement exécutée, qu'il n'a pu terminer qu'en 1802. Dans cette horloge, pour marquer l'équation du temps, il a supprimé l'ellipse dont on faisoit usage, et son mécanisme imite la nature dans les effets de l'excentricité et de l'inclinaison de la route du soleil.

Ferdinand Berthoud a publié, en 1802, l'*Histoire de la mesure du temps par les horloges;* et peu de jours avant sa mort, il a fait présenter à l'Institut un supplément à son Traité des montres à longitude, suivi de la notice de ses recherches depuis 1752 jusqu'à 1807.

M. Bréguet, qui, le premier en France, a traité la belle horlogerie en manufacture, a particulièrement perfectionné les montres pour les usages civils. Les différens mécanismes qu'il a inventés et que les horlogers s'empressent d'adopter, tels que son échappement à force constante, son échappement naturel, son régulateur à tourbillon, son mécanisme nommé *parachute*, objets qui ont tous été présentés aux diverses expositions des produits de l'industrie, et y ont été jugés de la manière la plus favorable, ont puissamment contribué à donner aux montres, 1.° la solidité, 2.° la régularité, 3.° la conservation des pièces délicates que les secousses ou les chutes pourroient altérer. La simplicité de construction a donné aussi à M. Bréguet les moyens de diminuer le prix de ses ouvrages, dont les formes agréables ont augmenté le débit. L'échappement et le régulateur que nous avons cités ci-dessus, pourront être utiles pour assurer la régularité des montres marines ; c'est au temps et à l'expérience qu'il appartient de confirmer les espérances que donnent déjà ces inventions ingénieuses.

TÉLÉGRAPHIE.   LE télégraphe, né en France, imité presque aussitôt par tous les peuples voisins, est remarquable sous deux points de vue ; le premier, comme moyen de transmettre des signaux : dans ce cas, il présente facilité et simplicité dans l'exécution ; il est capable, par sa forme, de résister aux plus grands vents, et se dessine parfaitement dans l'atmosphère, où il peut devenir visible pendant la nuit, si l'on y adapte des feux ; enfin le nombre de positions qu'il peut prendre est suffisant pour donner une quantité très-considérable de signaux.

Sous le second point de vue, le télégraphe est également recommandable par la langue simple et nécessairement exacte à laquelle il a dû donner naissance : l'expression d'un mot ou d'une phrase n'exige qu'un signal ; et la rapidité avec laquelle on le transmet, est, pour ainsi dire, égale à celle de la parole.

Celui de MM. Chappe, premiers inventeurs, a successivement acquis toutes ces qualités. Le levier moteur prend sous la main, et dans l'instant, la forme et la position qu'on veut donner à la partie extérieure, et cet instrument utile ne laisse plus rien à desirer.

Cependant plusieurs mécaniciens en ont produit de nouveaux, parmi lesquels on distinguera celui de MM. Bétancourt et Bréguet pour la simplicité ingénieuse de l'idée première, qui n'exige dans les correspondans aucun apprentissage, aucune habitude : il suffit, en tournant une roue, d'amener sous un indicateur la lettre, le signe, le chiffre qu'on veut transmettre, et qui se trouve à l'instant répété sur toute la ligne télégraphique. On peut voir dans les Mémoires de l'Institut le rapport des commissaires chargés d'examiner cette invention.

PARMI les nouvelles inventions pour élever l'eau, nous citerons d'abord, comme la plus simple et la plus ingénieuse, celle du belier hydraulique de M. Montgolfier, qui, au moyen d'une chute d'eau, de deux cylindres et de deux soupapes, fait monter à une hauteur presque indéfinie une partie considérable de l'eau dépensée. On a d'abord voulu contester à l'auteur le mérite, et, depuis, la propriété de son invention : mais il a répondu victorieusement ; et, en attendant que des expériences faites plus en grand aient constaté tous les avantages du belier, on peut assurer dès à présent que, pour tous les cas où l'on n'a pas besoin d'un produit très-considérable, cette machine est une des plus utiles et des moins dispendieuses dans la pratique.

HYDRAULIQUE

MM. Perrier ont exécuté en grand la presse hydraulique de Pascal, composée de deux corps de pompe, dont l'un, plus petit que l'autre, dans un rapport donné, fait refouler les eaux dans le plus grand, dont le piston, en s'élevant, produit la pression demandée.

MM. Solage et Bossut ont donné le projet d'une nouvelle écluse pour passer d'un biez à un autre, composée d'un flotteur portant une écluse intermédiaire, ou espèce de caisse fermée aux deux bouts par des portes, et construite de manière que le flotteur puisse l'élever à la hauteur du biez supérieur, dont elle forme, pour ainsi dire, le prolongement.

Pour passer du biez supérieur dans l'inférieur, on fait avancer dans l'écluse mobile le bateau, dont le poids est à-peu-près égal à la force d'ascension du flotteur ; on ferme les portes : le flotteur plonge dans un puits creusé à la profondeur nécessaire, et le bateau sort facilement de l'écluse mobile pour entrer dans les eaux du biez inférieur, et faire place au bateau qu'on doit monter.

Au moyen de cette écluse mobile, la dépense d'eau pour le passage d'un bateau n'est que la cent vingtième partie de celle qu'exige le service des écluses ordinaires.

M. Bétancourt a exécuté une nouvelle écluse, au moyen de laquelle la dépense d'eau, dans le passage des bateaux d'un biez dans un autre, n'excède jamais le volume d'eau déplacé par le bateau.

Elle ne diffère des écluses ordinaires que par sa communication avec un puits placé à côté, dans lequel descend un plongeur prismatique, qui, par des contre-poids dont les centres de gravité décrivent des cercles, se tient en équilibre dans toutes les positions qu'il peut prendre, et force l'eau que le puits renferme à se joindre à celle que l'on a soin de conserver dans l'écluse, qui par-là se trouve remplie convenablement.

La construction simple, et en même temps solide, de la partie mécanique servant à immerger le plongeur, permet à un seul homme de faire la manœuvre nécessaire pour monter ou descendre un bateau.

Le mémoire que M. Bétancourt a joint au modèle

présenté

présenté à l'Institut, contient une solution analytique fort élégante du problème.

La roue à recul de M. Manoury d'Hectot pour la mouture des grains est composée d'un cylindre creux horizontal, sur le milieu duquel s'élève un axe solide vertical portant la meule.

L'eau arrive par le bas au milieu du tube horizontal, d'où elle est forcée de sortir par deux trous latéraux situés d'une manière opposée près de l'extrémité de ce tube : alors, par la pression qu'elle exerce en raison de sa vîtesse ou de la charge, elle fait tourner le cylindre et l'axe qui y est attaché.

La roue à réaction de M. Leroy, de Lyon, se compose d'un cylindre creux vertical par où arrive l'eau, terminé à angles droits par un cylindre ayant des branches égales : près des extrémités de chacune, l'eau s'échappe par une ouverture latérale et dans des directions opposées ; de telle sorte que, par sa pression en arrière, elle fait tourner le tube horizontal, et conséquemment le vertical, auquel est adaptée la meule.

M. Fleuret, de Pont-à-Mousson, a trouvé la composition d'un mortier dont il fait des tubes, soit sur des moules, soit dans la tranchée même : il se sert aussi de ce mortier pour construire des auges, couvrir des terrasses ; et en peu de temps les objets fabriqués, exposés ou non à l'humidité, deviennent aussi durs que la pierre ordinaire.

MOTEURS.

La pompe à vapeurs à double effet, appliquée par MM. Perrier à l'extraction du charbon et au forage des canons, ne diffère des autres qu'en un point ; c'est que le mouvement de *va et vient* est converti en celui de rotation à droite ou à gauche, à volonté. Pour cela, le piston du cylindre à vapeurs est armé de deux tirans égaux aboutissant aux manivelles de deux roues dentées égales, engrenant l'une dans l'autre, et dont l'une porte un axe servant à communiquer le mouvement de rotation.

A l'aide de ces deux roues, l'axe du piston est continuellement maintenu dans la verticale ; objet important, que l'on peut appliquer avantageusement dans nombre de circonstances.

Le pyréolophore de MM. Niepce a pour moteur l'air dilaté par un combustible réduit en poudre très-fine et très-inflammable.

Cet air dilaté produit un effet analogue à celui de la vapeur d'eau dans les machines à feu ordinaires.

Les commissaires ont rendu un compte très-avantageux de cette machine ; et la classe des sciences a arrêté que cette invention, dont on peut se promettre des effets très-considérables, seroit consignée dans la partie historique de ses Mémoires, pour conserver la première idée et la date de l'invention.

M. Hubert, officier du génie maritime, est auteur du moulin à vent à ailes verticales, employé au port de Rochefort pour dévaser l'avant-bassin des nouvelles *Formes* de construction. Ce moulin donne l'avantage de tenir l'entrée des bassins toujours libre, et procure au port de Rochefort des bassins dont on peut se servir en tout temps pour les carènes et les radoubs, tandis qu'en raison de la dépense énorme ils n'avoient servi qu'aux constructions.

Ce moyen est applicable au curage de presque tous les

ports, avec d'autant plus d'économie, que le vent peut faire mouvoir ces machines pendant plus de deux tiers de l'année; et ce temps est bien suffisant pour le curage des ports.

Le tournant à vent de M. Gislain est composé d'un mât portant quatre paires de bras de leviers horizontaux, munis chacun à leur extrémité d'une aile verticale tournant sur son pivot, et gouvernée par des roues d'engrenage, au moyen desquelles on peut présenter ces ailes au vent de la manière la plus convenable pour obtenir plus ou moins de force et même un mouvement en sens contraire, et par conséquent, en cas de besoin, l'état de repos.

M. de Prony a donné la description d'un condensateur de force applicable à toutes les machines sans rien changer à leur mécanisme, et dont l'action est constante lorsqu'elle est une fois réglée, quel que soit l'effort varié du moteur.

Le même savant a trouvé le moyen de convertir les mouvemens circulaires continus en mouvemens rectilignes alternatifs, dont les allées et les venues sont d'une grandeur arbitraire.

M. Molard est parvenu à transmettre à de grandes distances, et dans tous les sens, le mouvement continu de rotation d'une roue à augets.

Pour cet effet, on munit l'axe de la roue d'une manivelle à quatre coudes, conduisant chacun un tirant qui se prolonge à la distance nécessaire, et se termine à une manivelle semblable à la précédente, dont l'axe porte un volant.

Ce moyen a été exécuté, avec succès, très en grand, et avec les changemens convenables aux localités, par Delcassant, sur la Ternoise, département du Pas-de-Calais, où, par ce moyen, une roue à pots, de vingt-quatre mètres de diamètre sur six mètres cinq décimètres de largeur, fait mouvoir un très-grand nombre d'assortimens de machines à filer le coton, situées environ à cent vingt-huit mètres du premier moteur.

On doit aussi à M. Molard un moyen pour faire tourner des machines par des hommes privés d'un pied, d'un ou même des deux bras. Ils sont placés dans l'attitude des rameurs, de manière qu'ils agissent des pieds ou des mains sur des leviers dont le mouvement de bascule produit le mouvement de rotation.

M. Baader, ingénieur de Bavière, a soumis au jugement de l'Institut une nouvelle manière d'employer la machine à colonnes, pour communiquer le mouvement à de grandes distances par le moyen de l'eau.

Elle consiste en une roue à aubes portant une pompe aspirante et foulante, au moyen de laquelle l'eau est forcée de passer dans un tube horizontal, se prolongeant à une grande distance, et de là dans un réservoir d'air, d'où elle ressort ensuite pour entrer dans un corps de pompe, tantôt dessus, tantôt dessous le piston qu'il renferme : ce piston porte une tige, qui, par les moyens ordinaires, sert à changer le mouvement alternatif en celui de rotation.

M. Baader avoit proposé cette machine en remplacement de celle de Marly.

M. Renaud, propriétaire de la verrerie de Bacarat (Meurthe), emploie avec succès des fuseaux de verre dans les lanternes de moulins à farine. L'expérience a prouvé que ces fuseaux diminuoient le frottement d'une quantité sensible, et résistoient plus long-temps que ceux de bois et même de fer.

L'ÉTABLISSEMENT des frères Perrier à Chaillot a été le premier et est encore presque le seul en France où l'on puisse faire exécuter toute espèce de machines ; on y a fabriqué la majeure partie des pompes à vapeurs répandues dans l'Empire, une grande quantité de pompes de toute espèce, des balanciers, des découpoirs, des cylindres à papier : ils fondent en fer ou en cuivre toute sorte de pièces ; et l'exécution des calandres, des machines à graver les cylindres de cuivre, ainsi que celles qui sont propres à imprimer au cylindre, leur fut confiée par le propriétaire du plus bel établissement de toiles peintes existant en France. C'est à eux à qui l'on a souvent eu recours pour la construction de manéges, d'assortimens de machines à filer le coton, &c., enfin pour l'exécution des machines. MM. Perrier ont contribué beaucoup à affranchir l'industrie Françoise du tribut qu'elle payoit à celle des étrangers.

Dans la fabrique d'instrumens de physique de M. Lenoir, on distingue une balance d'essai, des instrumens de marine et d'astronomie, des cercles répétiteurs très-portatifs ; un équatorial le mieux combiné que l'on connoisse, tant pour la légèreté que pour la facilité de mettre en équilibre ses diverses parties, et de régler, vérifier et orienter l'instrument ; un quart de cercle et un cercle répétiteur, &c. &c. Tous ces instrumens sont éxécutés avec un soin, une

MANUFAC-
TURES
ET ARTS.

précision, une intelligence, qui assignent à M. Lenoir une place distinguée parmi les meilleurs constructeurs.

La fabrique d'instrumens d'optique pour la marine et l'astronomie, de MM. Jecker, est la première en France qui ait été établie en grand : les cercles de réflexion de Borda, les sextans, &c. qui en sortent, rivalisent avec ce que l'Angleterre a de plus estimé en ce genre.

M. Laurent Jecker tient à Aix-la-Chapelle une fabrique d'épingles en grand, par des procédés nouveaux et avantageux : on y remarque,

1.° Les cisailles servant à couper les épingles, mises en mouvement avec le pied ;

2.° Les pointes faites sur deux meules, dont l'une a la taille plus fine que l'autre ;

3.° Les têtes, qui, au lieu d'être embouties une à une, sont coulées dans des moules au nombre de soixante à la fois, de manière qu'un enfant peut en faire cent quatre-vingts par minute ;

4.° Les moyens employés pour étamer les épingles, les polir, plier le papier, le percer, également ingénieux, simples et économiques.

M. Schey, dans sa manufacture d'acier poli, fabrique dans la plus grande perfection, avec beaucoup de goût et sur les meilleurs modèles, la bijouterie d'acier, que l'étranger fournissoit autrefois à la France.

Cette manufacture renferme tous les outils qui abrégent et perfectionnent la main-d'œuvre ; elle a beaucoup contribué à enlever aux Anglois cette branche de commerce.

MM. Abram père et fils ont établi à Montécheroux, département du Doubs, une fabrique d'outils d'horlogerie, dans laquelle on exécute plus de trente variétés d'outils avec un degré de perfection tel, que ces outils peuvent rivaliser avec ceux des fabriques étrangères, et les surpassent même à quelques égards.

Cette fabrique se distingue de celles qui étoient déjà établies, tant par le fini du travail que par le bas prix auquel elle livre ses productions au commerce.

MM. Mignard et Billinge ont à Belleville, près de Paris, un atelier où l'on prépare, pour l'horlogerie, de l'acier à pignon et de l'acier uni, bien choisi dans sa qualité, et travaillé dans les formes et dimensions les mieux assorties. Les filières que ces artistes emploient et qu'ils fabriquent eux-mêmes, sont graduées de la manière la plus convenable; résultat qui ne peut être que le fruit d'une longue expérience.

Cet atelier est le seul de ce genre qui existe en France.

La France a maintenant deux fabriques de mouvemens d'horlogerie, où, par des moyens mécaniques, on établit des mouvemens ébauchés ou en blanc d'une très-bonne qualité et à un très-bas prix : on est redevable de cette branche de commerce à MM. Frédéric Jappy, à Beaucourt, département du Haut-Rhin, et Sandoz, à Besançon.

La fabrique de MM. Gouvry et Guentz produit des limes, des scies, des faux, et divers autres objets que la France tiroit jadis de l'étranger; le tout est fait avec économie et une grande perfection. Ces fabricans traitent la matière depuis l'état de minérai jusqu'à la dernière main-d'œuvre, et ils ont établi depuis peu, dans le département de la Sarre, une manufacture d'acier dont les échantillons ont été trouvés, à l'exposition de 1806, d'une qualité supérieure.

La trifilerie de MM. Mouchel père et fils produit des fils de fer et d'acier de différentes grosseurs ; plusieurs espèces sont préparées et dressées pour la fabrication des cardes à coton.

Ces fabricans ont substitué avec avantage les tambours aux tenailles, de sorte que les fils sont unis dans toutes leurs parties : ils ont trouvé la manière de les recuire sans les oxider, et de les dresser promptement par le moyen d'un instrument particulier.

Ils fabriquent eux-mêmes leurs filières, et les graduent de manière à obtenir la plus grande finesse, sans occasionner de fréquentes ruptures.

Dans une autre trifilerie établie à Grandvillars, département du Haut-Rhin, par M. Jappy, on emploie les cylindres au lieu de tenailles, et l'on tire le fil de fer, d'acier et de cuivre, avec toute la perfection desirée.

Les mouvemens de la machine qu'il emploie sont si bien calculés, qu'il obtient tous les résultats sans bruit ; ce qui prolonge la durée et diminue les frais d'entretien de ces machines.

MM. Perrin, de Paris, et Roswag père et fils, du département du Bas-Rhin, préparent des tissus métalliques, remarquables par l'égalité parfaite et le bon marché. Ces tissus sont propres à faire des tamis et des formes pour fabriquer le papier vélin.

Parmi les artistes François qui ont entrepris la fabrication des limes, M. Raoul est le premier qui ait obtenu le succès le plus complet. Une expérience de dix années

consécutives

consécutives a prouvé que les limes fines et délicates employées dans l'horlogerie et fabriquées par cet artiste, sont au moins aussi parfaites que les meilleures limes connues venant de l'étranger.

Dans une expérience publique faite au Lycée des arts le 4.ᵉ jour complémentaire de l'an IX, les limes de M. Raoul ont attaqué des aciers trempés qui avoient fait blanchir les meilleures limes étrangères.

La fabrique de limes a fait en France, depuis quelques années, des progrès rapides, et tels, que nous ne serons bientôt plus tributaires de l'étranger. A cet égard, la fabrique de Ducrusel à Amboise, de Brunon aîné et Gautier à Caen, de Poncelet à Liége, et l'atelier de l'école des arts et métiers à Châlons-sur-Marne, ont présenté, aux différentes expositions, des produits qui ont soutenu la comparaison avec·tous ceux du même genre existans dans le commerce.

M. Jay-André, de Grenoble, est parvenu à donner aux peignes à sérancer le chanvre, une perfection telle, qu'on les recherche dans toute la France. Cet artiste a présenté, à la dernière exposition, un assortiment de sérans très-bien faits.

M. Gervais Jecker fabrique des vis à bois assorties, a l'aide d'outils à estamper et de fraises de sa composition.

MM. Bawens et Farrer ont présenté, au concours ouvert par le Ministre de l'intérieur, un assortiment de machines à filer le coton par muljenny, auquel on a adjugé le prix. Ces fabricans sont les premiers qui aient importé en France les meilleures machines en ce genre ; et même c'est de l'époque du concours que les établissemens de filature ont

Sciences mathématiques. I i

commencé à se multiplier et à obtenir beaucoup de succès : ils filent le coton depuis le plus bas numéro jusqu'au 250 ; ils fabriquent des basins, des piqués, des mousselinettes et autres étoffes de coton, qui rivalisent avec ce que l'industrie des autres peuples offre de plus beau en ce genre.

MM. Delaitre et compagnie, à Arpajon, ont présenté, à l'exposition de l'an IX, des cotons filés à la filature continue, jusqu'au n.° 160, et aussi des cardes à coton très-bien fabriquées.

MM. Richard et Noir-Dufresne ont donné une très-grande extension à leurs manufactures à Alençon et à Paris ; ils filent le coton au muljenny, et fabriquent des basins, des piqués et des mousselinettes d'une très-grande beauté.

M. Bardel est parvenu à former les tissus de crin avec une supériorité marquée sur ceux qui se fabriquent en Angleterre, tant pour la beauté du noir qu'il obtient, que pour le bon marché auquel il peut livrer ces tissus, étant arrivé au point d'établir des prix inférieurs de vingt pour cent à ceux des mêmes étoffes fabriquées en Angleterre. Il a aussi varié les dessins, les couleurs et les matières, en y employant la soie et la laine. Enfin il ne reste rien à desirer à la France sur cette branche d'industrie, qui est complétement et avantageusement enlevée aux Anglois.

M. Bardel est le premier qui ait fait connoître en France les cylindres en papier à l'usage des calandres ; ces cylindres ont beaucoup contribué au perfectionnement des toiles peintes. Cet artiste a également fait connoître différens procédés pour l'apprêt des étoffes, particulièrement des rubans et de la gaze.

La manufacture de toiles cirées que M. Seghers a établie à Paris depuis un petit nombre d'années, est une des plus étendues, des plus complètes et des mieux organisées que l'on connoisse ; ses produits sont extrêmement variés, et surpassent en beauté et bonté tout ce qui a été fait jusqu'à ce jour. Ce fabricant prépare dans son établissement toutes les couleurs dont il a besoin.

On doit à M. Adolfe Ébingre une machine propre à imprimer sur toile les fonds sablés, composée principalement d'un cylindre garni à la circonférence de pointes plus ou moins rapprochées et distribuées à volonté ; elles se chargent de la couleur, et la portent ensuite sur la toile qui passe entre ce cylindre et un rouleau garni de drap. Ces différentes opérations n'exigent qu'un seul mouvement continu de rotation.

Ce procédé réunit à la célérité toute la perfection que l'on peut desirer pour l'impression des petits dessins.

Les cartons lustrés à presser les papiers, draps et autres étoffes, ont été récemment perfectionnés en France par MM. Steinbach, à Malmédy, département de l'Ourte ; Gentil, à Vienne, département de l'Isère ; et Doulzals aîné, à Montauban, département du Lot.

La France possède, depuis l'an vi, des machines propres à filer le lin et le chanvre. Les procédés sont à-peu-près les mêmes que ceux qui sont usités dans les ateliers de filature de coton, c'est-à-dire que la distribution successive des filamens de lin, sur une longueur suffisante pour en former des fils plus ou moins fins, s'opère par cylindres, comme dans les moulins à coton ; mais, les filamens du lin variant constamment de longueur, il a fallu approprier ces cylindres à ce nouveau genre de filature, et créer un système particulier de machines pour obtenir l'effet desiré.

C'est ce qu'ont tenté successivement, et avec plus ou moins de succès, MM. Robinson, Leroy fils et Busby.

M. Robert, à Essonne, a construit une machine propre à fabriquer le papier sur une très-grande largeur et d'une longueur indéfinie, sans le secours d'ouvriers. Pour cet effet, l'auteur relève la pâte de la cuve, au moyen d'un moulinet à plusieurs ailes qui la jettent par égales quantités sur une toile sans fin, remplaçant la forme en usage dans le procédé ordinaire. La feuille est relevée de cette forme par un rouleau sur lequel elle s'enveloppe en même temps que le feutre. Le premier rouleau fabriqué de cette manière est de 5,2 mètres de longueur ; il existe au Conservatoire. M. Robert en a fait depuis dans des dimensions beaucoup plus grandes.

C'est par les soins de M. Belloni que l'art de la mosaïque vient d'être introduit en France ; les ouvrages qu'il a présentés à l'exposition des produits de l'industrie, prouvent qu'il possède à fond les détails de cet art.

Cet artiste fabrique lui-même les émaux dont il a besoin dans l'atelier qu'il a établi à Paris, et où des élèves *sourds et muets* exécutent des mosaïques, façon ancienne et de Florence.

On fabrique aujourd'hui des crayons artificiels, égaux en qualité, très-inférieurs pour le prix, à ceux qu'une nation voisine tient en privilége de la nature.

Cette découverte, due à M. Conté, a donné pour toujours à la France une branche de commerce dont elle étoit absolument privée.

M. Javelle (de Saint-Étienne) a obtenu un brevet d'invention pour une machine à achever sur le tour les canons de fusil extérieurement.

M. Jacquet, horloger à Versailles, a construit sur un nouveau principe, pour l'usage de la manufacture d'armes, une machine à carabiner, au moyen de laquelle on peut faire toute sorte de rayures avec la plus grande précision.

Armes à feu portatives.

La machine de M. Pegniet, arquebusier, propre à cara-biner les pistolets, est d'une combinaison simple et facile à conduire. La rayure qu'on obtient au moyen de cet ins-trument, est parfaite : l'auteur l'a nommée *rayure à cheveux,* à cause de la finesse des cannelures.

M. Champy fils a inventé un séchoir des poudres, au moyen duquel on peut faire sécher en très-peu de temps une grande quantité de poudre, sans courir aucun risque d'inflammation. Ce moyen, exécuté à Essonne, consiste à faire arriver sur la poudre de l'air échauffé en traversant des boules d'argile auxquelles le calorique a été commu-niqué de manière à prévenir tout accident.

M. Gallino (de Paris) est l'inventeur d'un métier à fabriquer le tulle de différens points, au moyen d'une mécanique munie d'une fonture d'aiguilles à large chasse, servant à porter chaque bride sur deux aiguilles de la grande fonture. L'aiguille à large chasse, dont l'invention appartient à M. Gallino, a donné naissance à un nouveau genre de tricot à jour, imitant le fond de la dentelle nommée *tulle.*

Bonneterie.

Cet artiste est parvenu à fabriquer sur un même métier des tricots guillochés, qu'il a variés de cent manières avec beaucoup de goût et de perfection.

Le Conservatoire possède une carte complète d'échantillons de toutes ces sortes de tulles et de tricots.

Dans le métier à tricot sur chaîne, composé de quatre cents fils (de M. Aubert), par un simple mouvement de rotation continu, on fait jouer successivement, et dans les temps nécessaires, la fonture des petites platines percées, la presse et la grande fonture pour abattre l'ouvrage; opération qui se fait avec autant de précision que dans les métiers ordinaires à chaînette.

M. Aubert a fabriqué les tricots-chaînettes à jour et tramés dans les plus grandes dimensions, et avec des soies chinées.

M. Jandeau est auteur d'un métier à tricot ordinaire, où le cueillissage s'opère par le moyen d'un pignon dont les ailes, plus ou moins épaisses, suivant la jauge du métier, se placent entre chaque aiguille lorsqu'on le mène à droite ou à gauche.

Avec ce métier, on peut, durant le travail, augmenter ou diminuer à volonté le nombre des aiguilles, suivant la largeur que doit avoir le tricot.

Outils.   M. Droz, de Paris, a perfectionné le balancier appliqué au monnoyage, et il en a soigné l'exécution dans toutes ses parties. Le flan est porté entre les coins et au centre d'une virole brisée, où il est frappé en même temps et d'un seul coup sur les deux faces et sur la tranche : au moment du retour du levier, la pièce frappée est élevée par le coin de dessous au-dessus de la virole, et poussée hors de la machine par le même bras mécanique qui apporte un second flan. L'auteur substitue à volonté les viroles pleines aux viroles brisées.

Cet artiste a embrassé dans toute son étendue l'art du monnoyage, et il n'est pas une partie de cet art qu'il n'ait améliorée.

On trouvera tous les détails de ses travaux dans le rapport fait à l'Institut en nivôse an XI.

M. Salneuve fabrique une machine propre à tailler avec la plus grande précision toute espèce de vis, de quelque longueur et de quelque grosseur qu'elles soient, à pas angulaires ou carrés, et avec tel nombre de filets ou rampans que l'on desire. Elle est également propre à tailler les écrous et a former des cannelures tant à l'extérieur qu'à l'intérieur des cylindres. La même machine peut servir à tourner des cylindres et à alléser des corps de pompe.

On doit à M. Jouvet un poinçon de découpoir à position invariable. Pour cet effet, il a imaginé de le faire passer à travers deux plaques d'acier placées l'une au-dessus de l'autre, et laissant entre elles un espace suffisant pour introduire librement la matière que l'on veut découper. Au moyen de ce perfectionnement, on agit avec beaucoup de facilité et une extrême précision ; on peut employer des poinçons très-délicats, se procurer des points de repère, et découper les métaux, l'ivoire, la corne, et même la nacre de perles.

A l'aide de cet instrument, l'auteur a exécuté des frises en pièces de rapport et de matières différentes, imitant les plus beaux ouvrages de marqueterie.

M. Jecker a produit une machine à tailler les vis, où le support du burin marche, dans une coulisse, parallèlement à l'axe du cylindre à tailler, au moyen d'un plan incliné et d'une vis de rappel : la même manivelle sert à imprimer le mouvement à toutes les parties de la machine en même temps.

Pour varier l'écartement des filets de la vis, il suffit d'augmenter ou de diminuer les degrés d'inclinaison du plan qui conduit le burin ; et en inclinant ce même plan à droite ou à gauche, on obtient des vis à pas opposés. Cet outil est particulièrement employé à la fabrication des tarauds de filières.

M. Robilliers, horloger (département du Jura), fabrique un outil à donner aux dents des roues la forme convenable pour que les engrenages soient les plus parfaits possible, quels que soient le rapport des diamètres des roues et la position des axes entre eux.

Cette machine, en principe, est composée de manière que la fraise, en même temps qu'elle use le côté de la dent, cède au mouvement de rotation de la roue, comme le feroit l'aile du pignon dont elle occupe la place. En ce moment, cet outil, construit avec toute la perfection dont il est susceptible, peut servir en même temps à former des calibres pour la composition des fraises et des limes à arrondir.

M. Persevalle, horloger à Reims, fabrique une machine à tailler les limes, avec laquelle une seule personne peut tailler par jour depuis *cinq* jusqu'à *douze* douzaines de limes, selon leur grandeur et la finesse de leur taille. Cette machine possède le précieux avantage d'espacer les tailles également et à volonté, de les croiser de manière que les limes ne dévient point de la ligne dans laquelle on les fait agir, de former des dents sans rebarbes, enfin de donner toujours le coup de marteau dans un plan

perpendiculaire

perpendiculaire à l'axe du ciseau, et de graduer la force de ces coups suivant l'augmentation ou la diminution de surface de la lime,

M. James White a inventé une lime perpétuelle, composée d'autant de plaques d'acier qu'il y a de dents. Ces plaques, portant toutes un trou rectangulaire égal, sont traversées par une même tige qui sert de manche et d'écrou. Celle-ci, ne remplissant pas exactement le trou, permet aux plaques de prendre une inclinaison variable à volonté : ces plaques dès-lors présentent chacune un angle tranchant ; et en supposant qu'elles aient été cannelées d'un côté au laminoir, elles présenteront plusieurs dents, au lieu d'un tranchant uni.

L'auteur a appliqué le même procédé à la fabrication des fraises. On sent qu'en variant l'épaisseur des lames, on peut établir des limes perpétuelles de différentes grosseurs.

M. Calla fabrique une machine à canneler les cylindres des filatures à la profondeur convenable, sans rien enlever de la matière ; elle a la propriété d'espacer régulièrement les cannelures, et de les polir par un seul et même mouvement.

Pour cet effet, on place les cylindres sur un chariot, qu'on fait aller et venir au-dessous d'une molette à deux ou trois filets circulaires d'acier trempé, et qu'on abaisse à mesure que les cannelures deviennent plus profondes.

M. Fissot, horloger, a inventé une machine à fabriquer les peignes d'ivoire, de corne, de buis et autres matières. L'auteur a imaginé, pour chaque opération différente, des outils particuliers. Il débite l'ivoire en tables minces, par

Sciences mathématiques.   K k le moyen d'une scie qui donne à chacune la même épais-seur. Pour fendre les dents des peignes, il les fixe sur deux ou quatre leviers ayant un axe commun, qui, en tournant, présente successivement chaque peigne à l'action d'une scie circulaire en forme de fraise, laquelle a une épaisseur pro-portionnée à la finesse des dents ; et dans cette opération, le même support de peignes se transpose d'une division parallèlement à son axe, pour chaque nouvelle dent qu'il s'agit de former.

Cet artiste a imaginé un moyen fort ingénieux pour faire la pointe des dents et les polir en même temps. Ces nouveaux procédés apportent une très-grande économie dans ce genre de fabrication.

M. Tournant a imaginé une machine à polir les verres d'optique, au moyen de laquelle on imite le travail de la main sans altérer la forme donnée au verre. Elle ressemble, quant aux parties principales, à un tour en l'air ; le même mouvement qui fait agir la pédale et tourner le verre fixé sur l'arbre, sert à faire monter et descendre le bassin à l'aide duquel on polit, et qui appuie sur le verre avec une pression constante. Le mouvement de rotation de l'arbre est très-lent ; de sorte qu'il ne fait qu'un tour, tandis que le bassin monte et descend sept ou huit fois. De cette manière, on peut polir avec beaucoup de célérité et d'exac-titude plusieurs verres à-la-fois, en les arrangeant de manière qu'ils soient tous dans la surface d'une même sphère.

M. Tournant a donné, en outre, des procédés ingé-nieux pour faire des polissoirs d'une forme parfaite.

M. Hubert, officier du génie à Rochefort, a imaginé

une machine à polir les glaces, composée, 1.º de deux tables parallèles portées par un même châssis à roulette, et d'une longueur suffisante pour recevoir chacune trois glaces d'environ un mètre de côté ; 2.º de six polissoirs circulaires de quatre à cinq décimètres de diamètre, munis chacun à leur centre d'un axe vertical portant une poulie, qui reçoit, au moyen de courroies, le mouvement de rotation d'un grand tambour, et le communique aux polissoirs. Le même moteur fait aller et venir les tables, de manière que le centre de chaque polissoir occupe successivement tous les points de la glace.

On doit au même auteur une tarière à deux tranchans destinée à creuser les parcs à boulets. La tige de cet outil porte un pas de vis servant à régler sa marche ; le mouvement lui est communiqué par une roue de tour ordinaire. Par ce moyen, deux hommes creusent soixante boîtes du calibre de vingt-quatre dans une journée.

M. Auguste a fabriqué des poinçons et matrices propres à donner la dernière forme aux métaux laminés ou emboutés, et convenablement recuits : il est parvenu à donner à un buste les formes qui lui appartiennent ; ce qui présente le *maximum* des difficultés.

On distingue dans la collection d'instrumens de chirurgie pour l'opération de la taille, de M. Bataille (de Bordeaux), un lithotome qui, réuni au cathéter de M. Guérin, offre l'avantage de faire cette opération dans un seul temps et avec un seul instrument.

On y trouve aussi un instrument pour l'opération de la cataracte. Tous ces outils réunissent à la solidité la forme convenable et une parfaite exécution.

La plume de M. Baradel fils, destinée au dessin, a la propriété de contenir beaucoup d'encre, et de former un trait parfaitement égal dans quelque sens que l'on tienne ou qu'on dirige l'instrument.

La machine à fendre les peaux en vert, de M. Buscarlet, est composée, 1.º d'une table de pierre bien dressée, sur laquelle on étend et on fixe les peaux par leurs bords, au moyen de crochets; 2.º d'un châssis à coulisse de la longueur et de la largeur de la table, portant un couteau monté à-peu-près comme le couteau à rogner du relieur: on fait aller et venir ce châssis d'un bord à l'autre de la peau, en même temps qu'on le fait avancer d'une certaine quantité par reprises et d'un seul côté à-la-fois; de manière que la lame pénètre plus avant dans l'épaisseur de la peau vers la fin de sa course qu'au commencement: d'où il résulte que la peau reste tendue par l'action même du couteau.

La machine à fendre les cuirs de petite largeur, à l'usage des bourreliers et selliers, de M. Roth, consiste principalement en un cylindre de métal et un couteau dont le tranchant a la direction d'une tangente au cylindre et peut s'en approcher à volonté. On fait passer la peau entre la lame et le cylindre; et en la tirant, soit à la main, soit à l'aide d'un rouleau, elle se trouve divisée dans toute sa longueur; de manière que la partie qui touche le cylindre a toute l'épaisseur de l'espace qui le sépare du couteau.

Imprimerie.   M. Herhan a inventé un nouveau stéréotypage, ou moyen d'estamper en relief des pages entières, avec autant de netteté et de vîtesse que s'il s'agissoit de caractères isolés.

Pour cela, l'auteur a préparé des caractères en creux avec lesquels il compose, qu'il place ensuite dans des cadres, et dont il se sert pour former ses planches en relief par l'estampage et le clichage.

Cet artiste a imaginé des moyens extrêmement ingénieux pour se procurer ces caractères creux, dont l'épaisseur, le poli et la régularité doivent être tels, que plusieurs milliers, quel qu'en soit l'arrangement, forment toujours une planche-matrice : il a aussi trouvé un alliage capable de résister à la chaleur et aux chocs violens de l'estampage.

Le nouveau moule à refouloir pour la fonte des caractères d'imprimerie, de M. Henri Didot, est muni d'un petit mouton, qui, en tombant, pénètre dans une cavité remplie de métal fondu, qu'il pousse avec force contre la gravure. Par ce moyen, on obtient toujours des caractères sans soufflures, et qui prennent parfaitement l'empreinte du moule et des traits les plus déliés de la gravure.

Henri Didot fournit les caractères ainsi moulés, même ceux d'écriture, aux mêmes prix que les autres fondeurs.

L'objet de la machine à clicher de M. Gatteaux est de former des planches solides en relief avec des gravures en creux. Pour cet effet, les gravures sont fixées à l'extrémité inférieure d'un mouton qu'on laisse tomber sur du métal d'imprimerie prêt à se figer : celui-ci est soutenu sur une table portée par des ressorts qui réagissent contre le mouton, et obligent le métal à pénétrer dans les déliés les plus fins de la gravure. La chute du mouton s'opère par le moyen d'une détente qui part au moment où l'on ferme les portes destinées à empêcher le métal de jaillir au loin.

On doit à M. Conté une machine à graver toutes les lignes régulières avec rapidité , précision, et avec toute la pureté desirable ; elle sert particulièrement à tracer les ciels, les fonds et les formes d'architecture.

La composition de cet instrument consiste principalement dans une table solide , bien dressée , sur laquelle on fixe les planches à graver ; dans une règle à double équerre et à coulisse, qui se transpose d'un bord à l'autre de la table parallèlement à elle-même , et qui sert de guide au burin ; et dans une vis qui conduit la règle, de manière qu'on peut faire parcourir à celle-ci , et par reprises , des espaces égaux ou variés , suivant l'effet que doit produire la gravure : le burin , que l'on conduit à la main , enlève la matière à des profondeurs que l'on varie à volonté pour obtenir des teintes de toutes les manières.

M. Richer a inventé un chariot de presse d'imprimerie, muni d'un mécanisme qui opère les changemens de numéros suivant l'ordre naturel des chiffres, depuis 1 jusqu'à 9999, par le simple mouvement que lui donne l'ouvrier qui conduit la presse.

Ce mécanisme , qui réunit à beaucoup de solidité toute la perfection d'exécution nécessaire à son objet, a été employé avec un très-grand succès à l'impression du papier-monnoie. Cette invention procure une économie d'environ les neuf dixièmes de la main-d'œuvre dans le simple changement des numéros, à mesure qu'on imprime.

M. Guillaume, sous-officier au corps impérial du génie, a inventé et fait exécuter une charrue avec avant-train, propre au labour des terres légères, et où l'auteur a établi la meilleure ligne de tirage possible pour diminuer la résistance. Ce perfectionnement, dont le succès a été démontré par l'expérience, a mérité à son auteur un prix de 3000 francs, qui lui a été décerné, le 5 avril 1807, par la Société impériale d'agriculture du département de la Seine.

Dans les roues à voussoirs de M. Aboville, les rais, au lieu de se terminer à l'ordinaire par des tenons entrant dans le moyeu, se prolongent jusqu'à la fusée de l'essieu, en prenant la forme de voussoirs : là, ils sont fixés par deux plateaux métalliques, entre lesquels ils sont fortement serrés par des boulons.

Cette manière de fixer les rais rend les roues beaucoup plus solides et d'une exécution plus facile.

Les essieux jumeaux de M. Molard, ayant chacun pour longueur la largeur de la voiture, sont fixés sur les moyeux des roues à voussoirs ou autres, et tournent dans des collets placés sous chaque brancard. Il résulte de cette disposition, 1.° que l'une des roues marche avant l'autre d'une quantité à-peu-près égale au diamètre de l'un des essieux ;

2.° Que les moyeux ne peuvent jamais s'user, et que, construits en métal, ils peuvent servir à plusieurs assemblages de rais et de jantes.

3.° Il suit enfin que les voitures sont moins sujettes à verser, vu que les collets ne laissent que le jeu nécessaire à l'essieu.

Cette nouvelle méthode de construction convient aux petites et grandes roues, et même à celles à larges jantes exigées par la loi, soit à un, soit à plusieurs rangs de rais.

M. Chicallat, en construisant un vaste cylindre en

charpente autour d'un vaisseau Américain échoué dans le golfe de Lyon, est parvenu à le remettre à flot, en le faisant tourner autour de son axe l'espace de cent mètres.

Les lampes à courant d'air de MM. Carcel et Carreau sont munies d'un jeu de pompe qui est placé dans le pied du flambeau, et qui élève jusqu'à la mèche une quantité d'huile plus grande que celle qui se consomme dans un temps donné ; d'où il résulte que la mèche est continuellement imbibée d'huile, et que dès-lors elle ne se charbonne point.

Les lampes hydrostatiques à courant d'air de MM. Gérard sont construites d'après le principe de Héron ; mais la pression y est rendue uniforme par un godet recevant l'huile descendante, lequel, étant toujours plein à même hauteur, oblige l'huile de se tenir à un niveau constant près de la mèche.

M. Paul a exécuté des lampes à courant d'air et à mèche simple, que l'on peut alimenter avec toute espèce de graisse mise en fusion près de la mèche, au moyen de deux tiges métalliques placées latéralement et chauffées par le foyer de la lampe.

Lorsque l'on veut s'en servir pour l'éclairage des rues, on munit ces lampes de deux réverbères semi-paraboliques pour porter la lumière longitudinalement.

Les notices qui terminent notre Rapport sont extraites, en grande partie, des rapports du jury chargé de rendre compte des objets qui ont paru dans les diverses expositions de l'industrie Françoise ; elles ont été sanctionnées par l'autorité compétente, et nous ne nous sommes pas

crus

crus en droit d'y faire la moindre altération, excepté pourtant quelques abréviations de peu d'importance, et qui ne nous ont paru changer en rien ni l'exposé des faits, ni les décisions du jury.

Nous allons de même extraire, en finissant, un Rapport général sur l'état des arts à Paris, fait par le jury du département de la Seine, chargé d'examiner les ouvrages qui méritoient d'être admis à l'exposition. Ce rapport nous a paru contenir des vues qu'il peut être utile de reproduire, sur les moyens de favoriser les progrès de l'industrie en France.

L'HORLOGERIE est un art qui paroît devoir être regardé aujourd'hui comme une propriété Françoise, et que nous possédons avec avantage, en entier, par ses deux extrémités.

Nous faisons la haute horlogerie aussi-bien que les Anglois, et la médiocre, celle de simple fabrique, à meilleur marché.

Cependant on ne doit pas croire que cette supériorité, pour être entretenue, ne demande aucune attention, aucun soin administratif.

Cette belle horlogerie qui, aussi sûrement peut-être, et plus usuellement qu'aucun autre moyen, peut donner à nos marins la connoissance certaine des longitudes, et procurer ainsi la sûreté de nos vaisseaux, pourroit être perdue en peu d'années. La justesse de la théorie, l'esprit des inventions, le travail des machines avec lesquelles on confectionne quelques parties n'y suffisent pas ; il faut dans les ajustages, et sur-tout dans les échappemens qui

Sciences mathématiques.   LI

ne peuvent être faits à la machine, une précision, une délicatesse d'exécution qu'il est difficile d'atteindre, et où rien ne doit être négligé.

Mais le temps et les soins extrêmes qu'exigent ces branches si utiles et si minutieuses de l'art, font que les horlogers du premier ordre, quoique payés en apparence fort cher, gagnent moins que ceux dont le talent et les travaux sont de beaucoup inférieurs.

Ils ne soutiennent donc leurs efforts, efforts dont on n'est pas capable à tout âge, car la finesse de la vue et la fermeté de la main s'altèrent en vieillissant ; ils ne les soutiennent, même dans le temps de leur vigueur, que par l'amour d'une gloire dont très-peu de personnes sont juges, et qui exclut, pour ainsi dire, l'aisance, dont leur éducation et leurs relations doivent leur donner le besoin.

Il faut à ces artistes très-distingués une persévérance d'autant plus grande, qu'il n'y a pas même pour eux une masse de travail qui suffise à l'emploi de leur temps.

Ceux qui résistent, se consument de chagrin ; ils rendent un véritable service à la société, et ils en sont victimes.

Il n'y auroit à cela qu'un remède ; il seroit peu coûteux et très-avantageux au public.

Ce remède efficace seroit que le Gouvernement ne donnât jamais le commandement d'un navire de l'État, ni le grade de capitaine de vaisseau, sans donner aussi aux officiers qui en seroient revêtus, un bon chronomètre, une excellente montre marine. C'est un instrument de leur métier, qui peut faire le salut de leur bâtiment et de leur équipage, assurer les vues politiques et militaires du Chef de l'État. Cette dépense de plus ne seroit qu'une bagatelle dans un armement, dont elle doit diminuer d'ailleurs les risques et la prime d'assurance.

On pourroit encore, lorsqu'on admet un officier marchand au grade de capitaine pour les voyages de long cours, exiger qu'il fût pourvu d'une bonne montre marine : il en aura plutôt, et avec plus de raison, la confiance des armateurs ; il en exposera moins leurs vaisseaux, leurs cargaisons, les matelots de la nation.

Ces deux mesures suffiroient pour soutenir la grande horlogerie en France ; et les artistes qui la cultivent, et auxquels elle est redevable de ses progrès, acquérant une célébrité plus grande, parce que leurs ouvrages seroient plus répandus, finiroient par fournir de montres marines tous les navigateurs de l'Europe et de l'Amérique. Ils en vendent plus aujourd'hui aux étrangers qu'aux François : mais ils n'en vendent que peu aux uns et aux autres ; et si le Gouvernement ne jetoit pas sur eux ce coup-d'œil paternel, ils en viendroient à n'avoir pas les capitaux nécessaires pour établir les chronomètres qu'on leur commanderoit.

Dans le même Rapport, après ces vues générales, le jury a parlé des grands artistes en horlogerie : M. Louis Berthoud, M. Janvier, M. Bréguet, M. Bourdier, MM. les frères Robin, MM. les frères Lepaute.

Il a dit ensuite : « Quelques jeunes gens s'élèvent qui » montrent déjà un talent distingué, et qui, si ce bel art » n'est pas abandonné à la pente qui le menace de sa » chute, remplaceront un jour les grands maîtres. Le » premier de ces jeunes gens, M. *Pons*, n'est pas loin de » s'asseoir à côté d'eux. Ses échappemens sont très-beaux ;

» il aime son art ; il est penseur : sa machine à fendre les
» roues et les pignons est un trait de génie. »

SYSTÈME MÉTRIQUE. EN parlant du système métrique, nous n'avons envisagé que les avantages les plus généraux qu'il nous a procurés, et les moyens que les sciences et les arts ont fournis pour en déterminer les bases ; mais, sous le point de vue du perfectionnement des arts, la création de ce système, et les dispositions faites pour l'établir définitivement, ont rendu de grands services, dont il nous suffira d'exposer ici les principaux.

Travail du platine. Ce nouveau métal, très-précieux par son inaltérabilité, étoit à peine connu il y a vingt ans ; on ignoroit l'art de l'amener à un certain degré de pureté, ou du moins cet art n'étoit connu que d'un petit nombre de chimistes. Jannety, choisi par la commission des poids et mesures, fit les règles de platine pour la mesure des bases, la boule et la verge de platine du pendule, et depuis, les étalons en platine du mètre et du kilogramme. D'autres artistes, marchant sur les pas de Jannety, ont encore perfectionné ses procédés, et maintenant cet art se trouve beaucoup plus avancé.

Instrumens d'astronomie et de physique. Le cercle de Borda n'étoit encore connu que des marins, lorsqu'il fut appliqué à la mesure de la méridienne. Cet instrument, plus portatif et plus commode que tous ceux qu'on avoit employés jusqu'alors pour de semblables opérations, a été reconnu le plus exact de tous, supérieur même, pour la recherche des élémens principaux, aux grands instrumens établis dans les observatoires fixes ; qualités qu'il doit à l'excellence de son principe et à la bonne exécution qu'il a recue entre les mains de Lenoir.

Les règles pour la mesure des bases, imaginées aussi par Borda, sont de vrais thermomètres métalliques, qui indiquent à chaque instant la longueur exacte de ces règles.

C'est encore à Borda qu'on doit des moyens très-ingénieux pour mesurer la longueur exacte du pendule à secondes, et pour comparer entre elles deux mesures, de manière à obtenir leur rapport avec la plus grande précision. Ces moyens seront publiés par M. Delambre, dans le troisième volume de la Méridienne.

Les opérations faites par M. Lefévre-Gineau pour déterminer exactement le poids du kilogramme, ont donné lieu à l'artiste Fortin de construire de nouveaux instrumens sur des principes très-ingénieux, et particulièrement une grande balance très-exacte. Ces instrumens seront pareillement décrits dans le volume cité.

L'artiste Lenoir, chargé de la confection des étalons des mesures linéaires, a imaginé des machines nouvelles pour en exécuter la division avec beaucoup d'exactitude et de célérité.

D'autres artistes, Kutsch entre autres, ont inventé et exécuté des machines propres à diviser très-exactement les mesures linéaires à l'usage du commerce.

Diverses instructions ont été publiées par le Ministre de l'intérieur, pour diriger le fabricateur et le vérificateur des nouvelles mesures.

Fabrication et vérification des nouvelles mesures.

Les réglemens sur la vérification, en marquant avec précision le degré d'exactitude des mesures du commerce, obligent les fabricans à s'y conformer.

L'usage des mesures combles, qui avoit lieu dans

plusieurs endroits, a été supprimé, et l'on a ordonné généralement celui des mesures rases.

Il a été réglé que les mesures de capacité pour les grains et matières sèches auroient le diamètre égal à la hauteur, et que celles pour les liquides auroient la hauteur double du diamètre : de là, une première vérification facile des unes et des autres.

Néanmoins les instructions prescrivent, pour plus d'exactitude, de vérifier la contenance des mesures par la graine qui y est versée à l'aide d'une trémie, et comparée à celle que contient la mesure étalon ; elles prescrivent de vérifier les mesures d'étain par le poids de l'eau qu'elles contiennent.

L'introduction de ces dernières mesures a donné lieu d'examiner quel devoit être le titre de l'étain employé à leur confection. On a trouvé, par des expériences exactes, que l'alliage du plomb peut aller sans danger jusqu'à dix-huit pour cent : les bureaux de vérification sont pourvus de balances hydrostatiques pour constater la justesse du titre.

Dans l'ancien ordre de choses, il n'existoit rien qui pût être comparé à l'organisation actuelle des bureaux de vérification, qui est complète dans toutes les préfectures, et qui s'étendra à toutes les sous-préfectures.

Jaugeage.　Les principes du jaugeage des tonneaux étoient en quelque sorte incertains ; ils ont été fixés dans une instruction ministérielle publiée sur cet objet.

Cette instruction a donné lieu de perfectionner les instrumens de jauge, qui étoient presque par-tout défectueux. L'ancienne jauge de Paris a été rectifiée en dernier lieu par

Bazaine, et exécutée avec beaucoup de soin par Kutsch.
Le même Bazaine et M. Gattey ont fait exécuter d'autres
instrumens de jauge non moins exacts et d'un usage plus
universel.

Cet art, en un mot, qui étoit fort embrouillé, et connu
seulement d'un petit nombre d'adeptes, est maintenant
devenu très-clair, très-simple, et a acquis de bons instrumens, dont il ne reste qu'à étendre l'usage.

L'arpentage a été considérablement perfectionné, au   Arpentage.
moyen du nouveau système, puisque les arpenteurs ne
sont tenus que de connoître une seule mesure, et que
tous leurs calculs, fondés sur la division décimale, sont
réduits à la plus grande simplicité.

Il en est de même des diverses sortes de toisés superficiel
et solide, qui, étant faits en nouvelles mesures, sont infiniment plus simples et consomment moins de temps.

L'exemple des opérations de la méridienne, et l'usage   Topographie
du cercle répétiteur, ont singulièrement influé sur le per-   et Cadastre.
fectionnement de la topographie. Les ingénieurs géo-
graphes du dépôt de la guerre ont exécuté, dans ce genre,
les travaux les plus importans : bientôt la topographie
des grands États de l'Europe sera connue aussi-bien que
peut l'être une propriété particulière.

On peut encore rapporter au système métrique les avantages qui résulteront du cadastre, dont l'exécution avance
rapidement, sous la direction du Ministre des finances.

Le nouveau système introduit dans les monnoies, y a   Système mo-
apporté un grand perfectionnement sous tous les rapports :   nétaire.
c'est là sur-tout que les avantages sont sensibles et incontestables.

Par l'introduction de la division décimale, les calculs de toute sorte ont acquis la plus grande facilité dont ils soient susceptibles; avantage immense, et qui vaut à lui seul plus que tous les autres, parce qu'il se répète à chaque instant et sous toute sorte de formes.

Les opérations des essais ont été perfectionnées et simplifiées par l'usage des poids décimaux substitué à celui des poids de semelle.

Le titre des métaux précieux a été fixé uniformément en millièmes ; celui des monnoies l'est à neuf dixièmes de fin et un d'alliage, ce qui est en cette partie une simplification remarquable.

Le poids des différentes pièces de monnoies d'argent, réglé en un nombre rond de grammes, est encore un avantage pour l'usage journalier.

En un mot, le système monétaire est aussi parfait qu'il peut l'être. La fabrication des espèces a recu aussi des perfectionnemens ; mais c'est à l'administration des monnoies à en rendre compte.

FIN

IMPRIME

Par les soins de J. J. MARCEL, Directeur de l'Imprimerie impériale, Membre de la Légion d'honneur.